이 책에 대한 찬사

탁월하고 멋진 한 인간을 너무도 이해하기 쉽게 그려낸 초상화 **– 스티븐 호킹**

유명한 쿼크들과 마찬가지로 과학자들의 삶은 '진리' '아름다움' '이상함'의 상호관계에 의해 형성되며 또 그 틀 안에 갇혀 있다.『파인만에게 길을 묻다』는 이 매혹적인 세계를 들여다보게 해주는 보기 드문 책이다. 한 페이지 한 페이지가 즐거웠다. **– 프리초프 카프라,『물리학의 도 Tao of Physics』의 저자**

아주 특별한 저자가 전설적 인물과 만났던, 아주 특별한 기억에 대한 이야기
– 댈러스 모닝 뉴스

매력적인 물리학의 세계를 다룬 책이다. 젊은 과학자들은 이 책을 통해 위안을 얻고 영감을 받을 것이다. **– 아메리칸 사이언티스트**

믈로디노프는 재미있는 한편의 소설처럼 능숙하게 파인만의 괴짜 노인 같은 모습뿐만 아니라 기이한 이론물리학자의 모습을 과장 없이 드러내고 있다. 무채색처럼 보일 수도 있는 모습에 다채로운 매력을 불어넣었다.
– 퍼블리셔스 위클리

아주 유쾌한 책이다. 파인만의 따뜻한 면모를 보여주며, 읽는 사람의 마음도 도 따뜻해진다. **– 데이비드 베르린스키,『뉴턴의 천재성 Newton's Gift』의 저자**

믈로디노프는 재미있고 유쾌한 캠퍼스 생활과 더불어 이론물리학계의 가장 전도유망한 돌파구였던 끈이론에 대해 매우 알기 쉽게 살을 붙여나간다.
– 포춘

파인만에게 길을 묻다

FEYNMAN'S RAINBOW

FEYNMAN'S RAINBOW

파인만에게 길을 묻다

레너드 믈로디노프 지음 | 정영목 옮김

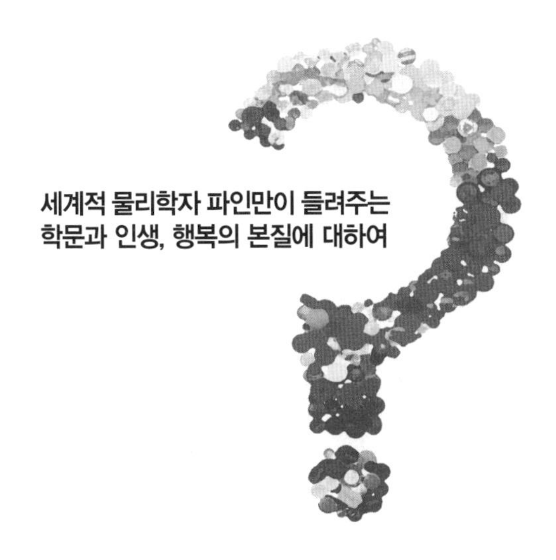

세계적 물리학자 파인만이 들려주는
학문과 인생, 행복의 본질에 대하여

더숲

"데카르트의 수학적 분석에 영감을 준 무지개의 특징이 뭐였다고 생각하나?"

"물방울 단 하나를 생각함으로써

무지개가 분석 가능하다는 사실을 깨달은 것이라고 봅니다."

"자네는 이 현상의 핵심적인 특징을 놓치고 있군.

그의 영감의 원천은 무지개가 아름답다는 생각일세."

머리말—

물리학과 삶의 아름다움을 찾아서

물리학계에서는 해마다 약 8백 명에 약간 못 미치는 숫자의 미국인이 박사학위를 받는다. 전 세계로 보자면 그 숫자는 아마 수천 명 정도가 될 것이다. 그러나 이 소수의 집단으로부터 우리의 생활방식과 사고방식을 규정하는 발견이나 혁신이 나온다. 엑스레이, 레이저, 전파, 트랜지스터, 원자력, 우주관이나 시간관, 우주의 본질에 대한 관점에 이르기까지 많은 것들이 이 헌신적인 사람들의 노력으로부터 나왔다고 할 수 있다. 따라서 물리학자가 된다는 것은 세계를 바꿀 만한 엄청난 잠재력을 갖게 된다는 뜻이기도 하며 그것은 또 자랑스러운 역사와 전통을 공유하게 된다는 뜻이기도 하다.

한 사람의 물리학자에게 가장 중요한 시기는 대학원 시절과 그 직후다. 이때 물리학도는 자기 자신을 찾고, 자신이 할 일의 기초를 닦는다. 이 책은 1981년에 학부를 졸업한 직후 나 자신이 겪었던 일들에 대한 이야기이다. 당시 나는 세계 최고의 연구시설로 꼽히는 칼텍(캘리포니아 공과대학)에서 연구원으로 일하고 있었다.

나는 그곳에서 흔치 않은 경험을 했다. 칼텍으로 갔을 무렵 나는 풀이 죽어 방황하고 있었다. 내 능력에 대한 확신이 없었으며, 무엇보다도 나의 미래에 대한 생각이 분명치 않았다. 그러나 한 가지 다행스러운 일은 내 연구실이 20세기의 가장 위대한 물리학자 가운데 한 사람으로 꼽히는 리처드 파인만의 연구실 근처에 있었다는 점이었다. 1986년 우주왕복선위원회의 위원으로 일할 때 미국의 유인 우주왕복선 챌린저 호의 폭발 원인이었던 부서진 오링(O-ring)의 수수께끼를 명쾌하게 풀어냄으로써 전 세계 언론의 헤드라인을 장식했던 바로 그 파인만이다. 그는 오링을 얼음물에 담갔다가 탁자 위에서 산산조각 내어, 그것이 저온에서 부서지기 쉽다는 것을 보여주었다. 그것은 컴퓨터에 대한 상식의 승리, 방정식에 대한 통찰력의 승리를 보여주는 큰 사건이었다.

그로부터 1년 전에는 그의 매혹적인 회고록 『파인만 씨 농담도 잘하시네! Surely You're Joking, Mr. Feynman!』가 출간되어 폭발적인 베스트셀러가 되기도 했다. 파인만은 1988년에 사망한 이후

대중의 마음속에 현대의 아인슈타인으로 자리를 잡았다. 그러나 내가 칼텍으로 간 1981년에는 아직 바깥세계에는 잘 알려지지 않은 상태였다. 물론 물리학계에서는 수십 년 전부터 전설적인 인물이었다.

내가 쓴 무한차원에서의 양자이론을 다룬 박사논문이 몇몇 유명한 물리학자들의 눈길을 끈 덕분에 칼텍의 특별연구원 자리를 얻게 되었다. 내 연구실과 같은 복도에 노벨상 수상자 두 명의 연구실이 있고, 전국 최고의 학생들이 나를 둘러싸고 있었다. '과연 내가 이곳에 맞는 사람일까?' 하는 의문이 머리를 떠나지 않았다. 그래도 나는 계속 연구실로 출근을 했고, 아직 답이 나오지 않은 물리학의 큰 문제들에 대해 깊이 생각해보았다. 그러나 내 머릿속에는 아무것도 떠오르지 않았다. 이전에 내가 거둔 성과는 요행이었으며, 앞으로는 두 번 다시 가치 있는 것을 발견할 수 없을 것이라고 생각했다. 순간 칼텍이 전국의 대학 가운데 자살률이 가장 높은 이유를 이해할 수 있을 것 같았다.

어느 날 나는 용기를 내어 파인만의 연구실 문을 두드렸다. 놀랍게도 파인만은 나를 환영해주었다. 그는 막 2차 암 수술을 끝낸 참이었다. 결국 나중에 이 암 때문에 죽게 되지만. 이후 2년간 우리는 자주 이야기를 나누었으며, 나는 그에게 여러 가지 질문을 할 수 있었다. 나의 아이디어가 연구할 만한 가치가 있는 것인지 아닌지 어떻게 알 수 있을까? 과학자는 어떻게 생각할까? 창조성의 본질은 무엇일까? 결국 나는 죽음을 목전에 둔 이 유명한 과학자로부터 과학 및 과학자의 본질과 관련하여 내가 궁금해하던 문제들의 답을 얻을 수 있었다. 그러나 이보다 더 중요했던 것은 내가 그를 통해 새로운 각도에서 삶에 접근하게 되었다는 점이다.

이 책은 1981년 겨울부터 이듬해까지, 칼텍에서 보낸 나의 첫 해의 이야기를 담고 있다. 이 책은 세상에서 자신의 자리를 찾으려고 노력하는 한 젊은 물리학자의 이야기이며, 인생의 끝에 다가선 상태에서 깊은 지혜로 그를 도와준 한 유명한 물리학자의 이야기다. 뿐만 아니라 이 책은 리처드 파인만의 삶, 역시 노벨상 수상자였던 머레이 겔만과 파인만의 경쟁, 지금은 물리학과 우주론을 개척해나가는 중요한 이론으로 자리잡은 끈이론의 탄생에 대한 이야기이기도 하다.

이 책은 이야기이지만 소설은 아니다. 나는 파인만에 대한 경외감에 사로잡혔기 때문에 그와 대화를 나누면서 메모도 하고 녹음도 했다. 그의 이야기를 길게 인용한 대목들은 이런 메모와 녹음에 바탕을 두고 있다. 이 책은 나에게 실제로 일어났던 일들을 토대로 쓰여졌다. 그러나 나는 나의 경험을 가장 잘 드러낼 수 있도록 사건들을 조합하고 바꾸었으며, 역사적 인물들이나 내가 구체적인 연구 작업을 언급한 인물들, 즉 파인만, 머레이 겔만, 헬렌 터크, 존 슈워츠, 마크 힐러리, 니코스 파파니콜로 이외의 등장인물들은 이름과 성격을 바꾸어놓았다.

나는 칼텍에 고마움을 전하고 싶다. 칼텍은 활기차고 열띤 분위기로 연구에 대한 욕구를 자극하였으며, 또 아주 오래전 일이지만, 나를 신뢰해주기도 했다. 더불어 삶에 대하여 많은 가르침을 준, 이제는 고인이 된 리처드 파인만에게 특별히 감사를 드리고 싶다.

레너드 믈로디노프

차례 —

프롤로그

패서디나의 캘리포니아 가도에는 올리브나무들이 늘어선 칼텍 캠퍼스가 자리잡고 있다. 캠퍼스의 한 잿빛 시멘트 건물 안에서 머리를 길게 기른 여윈 남자가 자신의 수수한 연구실 안으로 걸어 들어간다. 지구상에서 산 세월이 이 교수의 3분의 1도 안 되는 학생들 몇 명이 복도에서 발을 멈추고 물끄러미 그를 바라본다. 이 교수는 오늘 출근을 안 해도 뭐라고 할 사람이 없다. 그러나 그가 연구실에 오는 것은 무엇으로도 막을 수 없다. 큰 수술도 마찬가지다. 그는 수술의 후유증들이 자신의 일상을 망치는 것을 결코 용납하지 않는다.

바깥에서는 밝은 햇빛이 야자나무들을 감싸고 있다. 그러나 아직은 여름의 강팍한 햇빛이 아니다. 근처 언덕의 갈색은 녹색으로 바뀌고 있다. 식물들이 편안한 겨울을 맞이하여 다시 태어나고 있기 때문이다. 교수는 이렇게 갈색이 녹색으로 바뀌는 것을 앞으로 몇 번이나 더 보게 될지 궁금했을지도 모른다. 자신이 죽을병에 걸렸다는 사실을 알기 때문이다. 그는 삶을 사랑했다. 그러나 자연법칙을 믿을 뿐 기적은 믿지 않았다. 1978년 그의 몸에서 희귀한 암이 처음 발견되었을 때, 그는 관련 문헌들을 찾아보았다. 5년 생존율이 10퍼센트 이하였고 10년 이상 산 사람은 한 명도 없었다. 그는 4년째였다.

약 40년 전, 그가 현재 그의 주위에 있는 학생들만큼 젊었을 때, 그는 권위 있는 정기간행물 「피지컬 리뷰 Physical Review」에 일련의 논문을 투고했다. 이 논문에는 묘한 다이어그램들이 실려 있었다. 이것은 양자역학을 생각하는 새로운 방법이었다. 물론 물리학에 일반적으로 통용되는 수학적 언어처럼 공식적인 것은 아니었다. 그의 새로운 접근 방법을 받아들이는 사람은 거의 없었지만, 파인만 자신은 언젠가 이 정기간행물이 그의 다이어그램으로 가득 찬다면 얼마나 즐거울까 하는 생각을 했다. 실제로 파인만의 방법론은 정확할 뿐만 아니라 혁명적이라는 사실이 확인되었다. 1981년 겨울에는 「피지컬 리뷰」의 어느 곳을 펼쳐도 파인만 자신의 다이어그램을 볼 수 있었다. 아마 이만큼 유명한 다이어그램도 없을 터였다. 파인만 역시 적어도 과학계에서는 과학자로서 얻을 수 있는 최대의 명성을 얻었다.

파인만 교수는 2년째 새로운 문제를 풀고 있었다. 그가 학창시절에 만들어낸 방법론은 양자전기역학(quantum electrodynamics)이라는 이론에서는 엄청난 성공을 거두었다. 양자전기역학이란 무엇보다도 원자핵 주위의 궤도를 도는 전자의 행동을 관장하는 전자기력에 대한 이론이다. 이 전자들은 원자에 화학적 속성과 스펙트럼 속성(그들이 방출하고 흡수하는 빛의 색깔들)을 제공한다. 따라서 이런 특정한 전자들과 그 성질에 대한 연구를 원자물리학이라고 부른다. 그러나 파인만의 학창시절 이후 물리학자들은 핵물리학이라는 새로운 분야에서 큰 진전을 이루었다. 핵물리학은 원자들의 전자적 구조를 넘어서, 핵 내부에서 나타나는 양성자와 중성자 사이의 훨씬 더 격렬한 상호작용을 살펴보려 한다. 양성자는 전자들의 성질을 관장하는 전자기력을 따르지만, 양성자와 중성자의 상호작용은 다른 새로운 법칙의 지배를 받는다. 이 힘은 전자기력보다 훨씬 더 강하다. 그래서인지 이 힘에는 강한 힘(strong force)이라는 이름이 붙었다.

이 힘을 묘사하기 위해 거창한 새 이론이 고안되었다. 새로운 이론은 수학적으로 양자전기역학과 유사한 면이 있었으며, 이런 유사성을 반영하여 양자색깔역학(quantum chromodynamics, 색깔이라는 말에도 불구하고 이 이론은 우리가 아는 색깔과는 아무런 관계가 없다)이라는 이름이 붙었다. 원칙적으로 양자색깔역학은 양성자, 중성자, 기타 관련 입자들과 그들의 상호작용(그들이 서로 묶이는 방식과 충돌했을 때의 반응)을 양적으로 정확하게 묘사한다. 그러나 이 이론으로부터 이런 과정들에 대한 묘사를 어떻게 도출해낼 것인가? 파인만의 접근방식은 원칙적으로는 이 새로운 이론에도 적용할 수 있었지만, 실제로는 복잡한 문제들이 발생했다. 양자색깔역학은 몇 가지 승리를 거두기는 했어도 많은 상황에서 파인만이든 누구든 파인만 다이어그램을 이용하여(또는 다른 방법을 이용하더라도) 그 이론으로부터 숫자를 이용한 정확한 예측을 끌어낼 수가 없었다. 이론물리학자들은 심지어 양성자의 질량도 계산할 수 없었다. 사실 양성자의 질량은 오래전에 실험물리학자들이 정확하게 측정해낸 아주 기본적인 양이었다.

어쩌면 파인만은 지상에서 자신에게 남은 몇 달 또는 몇 년간 당대의 가장 중요한 문제 가운데 하나로 꼽히던 양자색깔역학의 문제를 다루어볼 생각이었는지도 모른다. 그는 이 일을 하는 데 필요한 에너지와 의지를 끌어내기 위해 오랫동안 이 문제를 공략했지만 실패한 다른 모든 사람들과는 달리 자신에게는 어떤 특별한 자질이 있다고 생각했다. 그것이 무엇인지는 파인만 자신도 정확히 알지 못했다. 어쩌면 괴짜 특유의 특이한 접근방식인지도 몰랐다. 그 자질들이 무엇이든, 그것이 그에게는 큰 도움이 되었다. 그는 노벨상을 한 번 받았지만, 그가 평생에 걸쳐 다양한 분야에 뚫어놓은 돌파구들을 볼 때 두세 번은 받아 마땅하다는 이야기도 있었다.

한편, 1980년에 패서디나에서 북쪽으로 수백 킬로미터 떨어진 버클리에서는 파인만보다 훨씬 젊은 청년이 원자물리학의 오랜 수수께끼 몇 개를 푸는 논문 두 편을 투고했다. 이 논문에는 그 나름대로의 새로운 방법이 담겨 있었다. 그의 방법론은 몇 가지 어려운 문제들에 대한 해답을 제시했으나 여기에는 함정도 있었다. 그가 상상 속에서 탐사한 세계는 무한차원의 공간을 가진 세계였다. 이 세계에는 위와 아래, 오른쪽과 왼쪽, 앞과 뒤만이 아니라 헤아릴 수 없이 많은 방향의 조합이 있었다. 그런 우주를 연구해서 우리의 3차원적 존재에 대해 뭔가 유용한 이야기를 할 수 있을까? 이런 방법론이 좀 더 현대적인 핵물리학 연구 분야에도 확장될 수 있을까? 어쨌든 그의 방법론은 유망하다고 인정을 받아 이 학생은 칼텍의 하급 교수진에 편입되었으며 파인만의 연구실 근처에 연구실도 얻게 되었다.

채용 제안을 받은 날 밤, 나는 침대에 누워 그때까지의 나의 인생의 반을 거슬러 올라가 중학교에 입학하기 전날 밤을 떠올리고 있었다. 나는 무엇보다도 체육 시간을 걱정했다. 다른 아이들 앞에서 샤워를 해야 했기 때문이다. 나는 아이들의 조롱을 두려워했었다. 칼텍에서도 그와 비슷한 상황에 놓일 것만 같았다. 패서디나에 가면 지도교수도 후견인도 없었다. 최고의 물리학자들이 생각하는 가장 어려운 문제들에 대해 나 스스로 답을 내는 일이 기다리고 있을 뿐이었다. 뛰어난 아이디어를 제시하지 못하는 물리학자는 산송장과 다름없었다. 칼텍 같은 곳에서 그런 사람은 따돌림을 당하다가 일자리를 잃게 될 것이 뻔했다.

나한테 그런 뛰어난 아이디어가 있을까? 아니면 이런 질문 자체가 잘못된 것일까? 나는 답을 얻기 위해 근처 연구실에서 일하는 머리가 길고 바싹 여윈 교수, 죽음을 목전에 둔 교수와 이야기를 나누기 시작했다. 그가 나에게 해준 이야기가 이 책의 주제다.

길 잃은 물리학도

이 이야기의 시작은 사실 1973년 겨울로 거슬러 올라간다. 나는 이스라엘의 예루살렘 근처 산비탈에 자리잡은 키부츠(공동 농장)에서 살고 있었다. 머리는 어깨까지 내려왔으며, 정치적으로는 평화주의자였다. 그러나 나는 전쟁 때문에 그곳에 가 있었다. 이 전쟁은 시작된 날에서 이름을 따서 욤 키푸르 전쟁*이라고 불렸다. 내가 그곳에 도착했을 때 전쟁은 이미 끝나가고 있었지만 그

* 아랍과 이스라엘 사이의 전쟁. 욤 키푸르는 '속죄의 날'이라는 뜻의 유대교 최대의 명절이다.

상흔은 오랫동안 지워지지 않았고, 아직 징집은 해제되지 않았다. 이로 인해 심각한 노동력 부족 사태가 벌어졌다. 나는 2학년 중간에 대학을 휴학하고 도우러 나섰다.

내 나이는 스무 살이었고, 스스로는 어른이라고 생각했다. 그러나 사실은 인도를 받고, 돌봄을 받고, 보호를 받아야 할 어린아이였다. 나는 키부츠 생활을 통해 여러 면에서 첫 경험들을 해보았다. 처음으로 외국에 나가봤으며, 처음으로 가축들과 함께 생활해보았고, 처음으로 폭탄을 피해 방공호에 들어가보았다. 또 처음으로 전축, 텔레비전, 전화, 실내화장실 등 그동안 당연하게 여겼던 문화 시설 없이 생활해보았다.

밤에는 다른 자원자들과 잡담을 하거나 별을 보거나 영어책은 수십 권밖에 없던 키부츠의 작은 도서관에 가는 것 외에 달리 할 일이 없었다. 도서관에는 물리학 책들이 많았다. 키부츠 출신으로 미국에 있는 대학에 입학한 학생들이 기부한 것들인 듯했다. 당시 나는 화학과 수학을 복수전공하고 있었다. 나를 아는 사람들은 모두 내가 언젠가 큰 대학의 화학 교수가 될 것이라고 생각했다. 나는 늘 공부만 파는 아이였으며, 모두들 내가 화학과 수학에 뛰어나다고 생각했다. 고등학교에서 배운 '고급' 물리학은 딱딱하고 지루했다. 나는 사람들이 왜 아이작 뉴턴을 가지고 그렇게 난리인지 이해할 수 없었다. 비탈을 굴러 내려가는 공의 속도나 2층에서 던진 추의 힘을 가지고 왜 그토록 흥분하는가? 그것은 내가 화학 실험실에서 만드는 불꽃놀이나 로켓, 수학 시간에 꿈을 꾸곤 하는 곡면 공간과 비교가 되지 않았다. 그러나 도서관에서는 선택의 여지가 많지 않았으므로 결국 물리학 책들을 넘겨볼 수밖에 없었다.

그 책들 가운데 어디선가 들어본 것 같은 리처드 파인만이라는 사람이 쓴 『물리법칙의 특성 The Character of Physical Law』도 있었다. 이 책은 그가 1960년대에 했던 강의를 옮겨놓은 것이었다. 나는 그 책을 골라들었다. 이 책은 수학을 이용하지 않고 현대물리학, 특히 양자이론의 원리들을 설명하고 있었다.

양자이론은 사실 하나의 이론이 아니라 이론의 한 유형에 가까웠다. 양자이론이란 1990년에 막스 플랑크*가 세상에 밝힌 양자가설에 기초한 모든 이론을 가리키는 말이었다. 양자가설의 내용은 에너지와 같은 양들은 불연속적인 값들만을 가질 수 있다는 것이었다. 예를 들어 지표 위의 어떤 높이에서는 '중력 위치에너지'라고 부르는 것을 가진다. 이것은 그 높이에서 땅에 추락할 때의 에너지다(공기의 저항이 없다고 한다면). 중력 양자이론에서 중력 위치에너지는 아무런 값이나 가질 수 없다. 우리는 비연속적인 일군의 에너지들을 가질 수밖에 없다. 심지어 지표 위로 눈에 띌

* Max Planck, 1858~1947. 양자론을 창시한 독일의 이론물리학자. 1918년 노벨 물리학상을 받았다.

듯 말 듯 올라가 있는 위치에 대응하는 최소의 에너지도 있다. 이것은 최근에 중성자 실험에서 측정되었는데, 이 최소의 에너지는 1인치의 약 5만분의 1에 대응한다. 우리가 일반적으로 사용하는 잣대로 측정한다면 이런 것을 굳이 제약이라고 생각하지 않을 수도 있다. 그러나 중성자, 핵, 원자 같은 물체들을 연구할 때에는 양자효과들이 중요한 의미를 가진다.

플랑크의 양자가설에 통합되지 않는 이론들을 고전이론이라고 부른다. 물론 1900년 이전에는 물리학의 모든 이론이 고전이론이었다. 원자 수준 또는 그보다 더 작은 수준에서 발견되는 반응에 관심을 갖지 않는다면, 대부분의 경우 고전이론만으로도 충분하다. 그러나 이후 1백 년의 기간 동안 대부분의 물리학자는 그런 작은 규모의 반응에 관심을 집중했다.

20세기의 첫 수십 년 동안 물리학자들은 플랑크의 양자가설의 결과들을 정리했다. 그 가운데 하나가 유명한 불확정성이론이다. 그 내용은 짝을 이루는 어떤 값을 동시에 정확하게 집어내는 것은 불가능하다는 것이다. 예를 들어, 어떤 물체의 위치를 아주 정확하게 규정한다면 그 속도는 정확하게 알 수 없다. 물론 우리가 일상생활에서 만나는 큰 물체들의 경우에는 이런 한계들이 의미가 없을 수도 있다. 그러나 원자의 구성물들의 경우에는 아주 큰 의미가 있다.

양자이론의 또 하나의 결과는 물리학자들이 '파동-입자 이중성'이라고 부르는 것이다. 이것은 전자 같은 입자가 어떤 조건에서는 파동의 성질을 보인다는 것이다. 물론 역도 성립한다. 예를 들어, 벽에 있는 아주 작은 실틈으로 전자들을 잇달아 쏘면, 전자들은 실틈을 통과하면서 아주 작은 구멍을 통과하는 파도처럼 원형의 패턴으로 확산된다. 벽에 두 개의 아주 작은 실틈을 두 개 만들어놓으면, 파도가 충돌할 때와 비슷한 간섭 파문을 볼 수 있다. 파동으로서의 전자는 공간에서 확산되는 전자이다. 이때 전자는 비연속적인 물체라기보다는 퍼져나가는 어떤 매체가 들뜬 것처럼 움직인다.

반면 파동-입자 이중성은 에너지의 파동이 조건에 따라 입자 같은 성질을 드러낸다는 뜻이기도 하다. 이 경우는 빛이 좋은 예가 된다. 아주 오랜 세월 동안 빛은 주로 파동과 같은 현상으로 알려져 있었다. 예를 들어, 빛이 렌즈를 통과하면서 휘어지는 것을 생각해보라. 또는 프리즘을 통해 확산되는 것을 생각해보라. 그러나 빛은 또 입자, 즉 비연속적인 점을 이루는 물체 같은 반응을 보이기도 하는데, 우리는 이것을 '광자'라고 부른다.

빛의 이러한 개념은 어떤 금속들이 광자와 충돌한 뒤 전자를 방출하는 광전자 효과를 이해하는 관건임이 확인되었다. 양자가설을 물리학의 근본적인 법칙으로 받아들인 첫 인물인 아인슈타인은 1905년에 이런 맥락에서 광전자 효과의 신비한 속성들 몇 가지를 설명하는 유명한 논문을 썼다. 아인슈타인이 1921년에 노벨상을 받은 것은 큰 논란을 일으킨 상대성이론들 때문이 아니라 이 업적 때문이다.

오늘날에는 양자전기역학처럼 이전의 고전적 이론들을 양자 원리를 이용해 고쳐 쓴 판본들이 나와 있다. 또 양자색깔역학처럼 플랑크의 시절에는 알지도 못했던 힘들을 묘사하는 새로운 이론들도 나와 있다. 그러나 이런 양자화 경향에 한 가지 예외가 있는데, 바로 중력이론이 그것이다. 양자가설과 아인슈타인의 중력이론, 즉 이른바 일반 상대성이론을 통합하는 방법은 아무도 찾아내지 못했다.

양자역학은 매혹적인 세계다. 나는 자연스럽게 그 세계에 호기심을 갖게 되었지만, 교과서의 설명은 따분하고 기술적이었다. 그러나 파인만의 책을 읽어보니 놀라운 마법의 세계 같다는 느낌이 들었다. 나는 그 세계에 끌려들었고 더 많은 것을 알고 싶었다.

그 도서관에는 파인만이 쓴 책이 3권 더 있었다. 칼텍의 학부 개론 시간에 강의한 내용을 모은 3권짜리 『파인만의 물리학 강의 The Feynman Lectures on Physics』였다. 이 책에는 파인만의 사진이 실려 있었는데, 봉고 드럼을 치고 있는 행복한 표정의 사진이었다. 이 책들은 내가 읽었던 어떤 교과서하고도 달랐다. 수다스러웠고, 재미있었으며 파인만이 교실에서 직접 강의하는 것 같았다. 역학을 이야기하면서 뉴턴 이야기도 했지만, 개구쟁이 데니스 이야기로 옮겨가기도 했다. 기체역학이론 부분에서는 '도대체 왜 우리가 지금 이 주제를 다루는가?' 하는 문제도 포함되어 있었다. 빛에 대한 장에서는 '벌의 시력과 관련된 아주 재미있는 발견'으로 이야기가 흘러가기도 했다.

그러나 파인만은 물리학을 재미있게 보여주려고만 애쓰지 않았다. 그가 내놓고 이야기한 적은 없지만 그의 이야기를 듣다 보면 물리학이 중요하다는 생각이 들었다. 마치 물리학자가 아이디어 하나로 세상을 바꾸고, 사람들의 세계관을 바꾸어버리는 것 같았다. 나는 트랙터를 몰고가 달걀을 모으거나 소떼를 몰거나 공동부엌에서 감자 껍질을 벗기면서 나도 모르게 파인만의 책에 나온 문제나 쟁점들을 생각하곤 했다. 그해 여름 시카고의 집으로 돌아갔을 때 나는 물리학을 공부하기로 마음을 굳히고 있었다. 키부츠는 『물리법칙의 특성』이 나에게 준 영향을 고려하여, 낡은 청바지 한 벌을 받고 그 책을 나에게 주었다. 나는 파인만의 책 마지막 부분에 나온 이런 말에 밑줄을 그어놓았다.

"우리는 운이 좋다. 아직 발견할 것이 남은 시대에 살고 있기 때문이다. 물리학의 발견은 아메리카 대륙을 발견하는 것과 같다. 오직 한 번만 발견할 뿐이다. 우리가 살고 있는 시대는 자연의 근본 법칙을 발견하는 시대이며, 이런 날은 두 번 다시 오지 않을 것이다."

나는 그 대목을 읽으며 나도 언젠가는 발견을 하겠다고 다짐했다. 더불어 파인만 교수도 만나보겠다는 것도.

≈

1981년 가을, 이스라엘에 갔다온 이후로 많은 일이 생겼다. 나는 물리학을 추가로 전공했고 졸업을 했다. 또 버클리에서 대학원 공부를 마쳤고 박사학위를 받았다. 졸업식에는 부모님이 오셨다. 그것이 우리가 한 가족으로 함께 모인 내 삶의 마지막 중요한 행사였고, 나의 유년의 끝을 장식하는 행사이기도 했다.

나는 논문을 쓰는 데 시간을 많이 할애했기 때문에 학기가 시작되고 한참이 지나서야 칼텍에 갈 수 있었다. 로널드 레이건은 주지사를 졸업하고 대통령에 진출하기 전에 주립대학들, 특히 버클리의 예산을 많이 삭감했는데, 칼텍은 사립대학이었기 때문에 그런 조치로부터 별 영향을 받지 않았다. 칼텍은 전국 대학 가운데 1인당 기부금이 가장 많은 곳으로 꼽혔다. 가보니 실제로 그런 것 같았다.

캠퍼스는 아름다웠고 고요했다. 칼텍의 학부생이 수백 명밖에 안 된다는 것을 고려할 때, 캠퍼스는 큰 편이었다. 학교 건물은 대부분 너비가 몇 블록씩이나 되는 단일 부지에 모여 있었으며, 도시의 도로는 캠퍼스 안으로 들어오지 않았다. 대신 잘 관리된 잔디밭, 관목 덤불, 울퉁불퉁한 잿빛 올리브나무들 사이로 뚫린 널찍한 보행로가 지중해 풍으로 지은 낮은 건물들로 이어지고 있었다. 외부로부터 침해당하지 않는 평화로운 곳이라는 느낌이 들었다.

바깥세상을 잊고 마음껏 자신의 생각들을 펼칠 만한 곳이었다.

나는 물리학계에서 일자리를 얻은 것이 특권이라고 생각했다. 가끔 상대적으로 낮은 보수 때문에 학계를 우습게 보는 사람들이 있었다.

그러나 나는 별 쓸모도 없는 물건들을 집안에 잔뜩 쌓아놓기 위해 좋아하지도 않는 일에 아주 긴 시간을 시달리다가 수십 년 뒤 허비한 세월을 후회하는 어른들을 너무나 많이 보았다. 그리고 나의 아버지가 단지 먹고 살기 위해 오랫동안 힘든 일을 하는 것을 지켜보았다. 나는 마음속으로 아버지보다는 나은 삶을 살겠다고 맹세하고 있었다. 최고의 자산은 내가 하고 싶은 일을 하면서 사는 능력이라고 생각했다.

나는 학계에서 일자리를 얻었다는 사실, 그것도 나의 영웅 파인만의 터전인 엘리트 대학에 자리를 얻었다는 사실 때문에 환희를 맛보았다. 꿈에서나 그려볼 수 있는 자리였고 몇 년 동안 완전한 학문적 자유를 누리며 연구할 수 있는 특별연구원 자리였다. 그러나 출근할 날이 다가오면서, 환희는 사라지고 이상한 생각이 떠오르기 시작했다. 칼텍에 있는 사람들이 나에게 뭔가를 기대할 것이라는 생각이었다. 나는 공식적으로 박사학위를 받기 전에는 전도유망한 학생에 불과했다. 질문을 하고 배우고 순진한 실수를 저지르면 그만이었다. 교수들도 자신의 철없던 시절을 떠올리며 미소만 지을 뿐이었다. 그런데 이제 나 자신이 갑자기 교수진에 편입된 것이다. 이제 학생들이 나에게 찾아와 지혜를 구할 것이다. 유명한 교수들이 나에게 뭐라고 말을 건네면서 내가 뭔가 똑똑한 대답을 해주기를 기다릴 것이다. 권위 있는 물리학 정기간행물 편집자들은 나의 중요한 발견을 설명할 글을 게재하기 위해 지면을 비워두고 기다릴 것이다.

나는 압박감을 떨쳐버릴 수 있는 전략을 짰다. 사람들의 기대감을 낮추고, 눈에 띄지 않게 움직이기로 했다. 그리고 칼텍에 있는 사람들도 파인만 같은 사람들 두어 명만 빼고는 다 나처럼 평범하다는 사실을 발견할 수 있기를 바랐다.

나는 첫날 학과장 사무실로 불려갔다. 칼텍에서는 물리학과, 수학과, 천문학과를 하나의 학부로 묶어놓고 있었기 때문에 이 학과장은 사실 세 학과의 우두머리인 셈이었다. 그렇게 높은 사람이 왜 나 같은 사람을 보자고 했는지 이유를 알 수 없었다. 나에게 연구원 자리를 준 것이 실수라는 이야기를 하려는 것이 아닐까? 나는 그가 이렇게 말하는 모습을 상상해보았다. '미안하게 되었소만, 내 비서가 엉뚱한 사람에게 채용 통보서를 보냈지 뭐요. 우리는 레너드 믈로디노프가 아니라 레너드 M. 로디노프(저자의 이름인 Mlodinow를 M. Lodinow라고 나누어놓은 것)라는 사람을 채용할 생각이었소. 선생도 하버드를 나온 로디노프 박사를 알 거요. 두 분이 좀 헛갈리는 것은 사실 아니오?' 상상 속에서 나는 그것이 사실임을 인정하고, 다른 자리를 찾기 시작했다.

학과장실에 갔더니 머리가 벗겨지고 있는 중년의 남자가 손에 담배를 들고 있었다. 나중에 그가 궤양을 앓고 있다는 이야기를 들었다. 그는 웃음을 지으며 일어서더니 들어오라고 손짓을 했다. 그의 담배 연기가 허공에 희미한 자취를 남겼다. 그는 독일 악센트가 실린 권위적인 목소리로 말했다.

"어서 오시오, 믈로디노프 박사. 버클리 일은 다 마무리가 되었소? 박사가 오기를 고대하고 있었소."

우리는 악수를 하고 자리에 앉았다. 나도 그가 격려차 그런 말을 했다는 사실은 알았다. 그러나 물리학과, 수학과, 천문학과를 통괄 관리하는 학과장이 개인적으로 내가 오기를 고대했다는 사실은 눈에 띄지 말자는 나의 전략에 도움이 되지 않는 것이었다. 어쨌든 그는 나에게 자리를 준 것이 실수라고 말하지는 않았다. 나는 긴장으로 위가 뒤틀릴수록 더 서글서글하게 보이려고 애를 썼다.

"그래, 남부 캘리포니아는 어떻소?"

그가 의자에 등을 기대며 물었다.

"아직 별로 본 게 없어서요."

"물론 그러시겠지. 막 오셨을 테니까. 캠퍼스는 어떻소? 아테네 신전에는 가보셨소?"

"오늘 거기서 점심을 먹었습니다."

사실 나에게는 아침이었다. 당시 나는 밤늦게까지 일하고 늦게 일어나는 버릇이 있었기 때문이다. 아테네 신전은 교수 클럽으로 내가 들은 바에 따르면, '스페인 르네상스식'으로 지어진 50년 된 건물이었다. 안에 들어가면 좋은 목재, 벨벳 커튼, 정교한 천장 그림들을 볼 수 있었다. 위층에는 손님방이 몇 개 있다는 이야기도 들었다. 좋은 휴양 시설 같다는 인상을 받았지만 실제로 좋은 휴양 시설에 가본 적이 없었기 때문에 자신 있게 말할 수는 없었다.

"아인슈타인이 프린스턴에 정착하기 전에 그곳에서 겨울을 두 번 났다는 것을 아시오?"

나는 고개를 저었다.

"어떤 사람들 말에 따르면, 아인슈타인이 프린스턴에 자리를 잡은 것은 우리가 그의 조수에게 직원 자리를 주지 않았기 때문이라오. 만일 내가 그때 이 자리에 있었다면 그런 실수는 하지 않았을 거요."

그는 껄껄 웃었다. 우리는 잠시 잡담을 했다. 비서가 전화 메시지를 들고 들어오자 그는 우리 이야기가 끝날 때까지 들어오지 말라고 말했다. 학과장은 잠시 나를 살폈다.

"어디 보자. 왜 내가 여기 온 것인가, 그런 생각 하고 있소?"

이 양반이 사람 마음을 꿰뚫어보나?

"아마 제가 대학원에서 한 일이 이곳에 계신 분들의 마음에 들었기 때문이겠죠."

"아니, 칼텍을 말하는 게 아니오. 여기 이 방 말이오."

"아… 사실, 그렇습니다. 그런 생각을 하고 있었습니다."

"내가 이유를 말씀드리지. 내가 박사를 이곳으로 부른 것은 박사가 칼텍에서 특별한 자리에 있기 때문이고, 칼텍이 특별한 곳이기 때문이오. 따라서 박사는 특별한 환영, 나의 개인적 환영을 받을 자격이 충분히 있소."

다른 사람에게 그의 환영은 우호적인 행동으로 보였을 것이다. 그러나 나는 뭔가 말하지 않은 것이 있다고 생각할 수밖에 없었다. 나는 그가 입을 다물고 나서도, 그것으로 끝인지 확인하기 위해 잠시 머뭇거렸다.

"아…."

나는 웅얼거렸다.

"감사합니다."

그는 담배를 길게 빨더니 의자에 등을 기댔다.

"칼텍에 대해서는 얼마나 알고 있소?"

나는 어깨를 으쓱했다.

"물리학과는 압니다."

"물론 그러시겠지. 박사도 이미 알고 있겠지만, 박사 연구실에서 복도를 따라 조금만 내려가면, 물리학의 쌍둥이 거인 리처드 딕 파인만과 머레이 겔만*이 있소."

* Murray Gell-Mann. 미국의 물리학자. 원자 구성 입자와 그들의 상호작용을 밝혀내서 1969년 노벨 물리학상을 받았다.

나는 처음 듣는 이야기였다. 아직 내 연구실을 안내받지 못했기 때문이다.

"하지만 우리 캠퍼스를 돌아다니다 보면, 이 칼텍이라는 곳이 풍부한 역사가 있는 곳임을 알게 될 거요. 박사가 아직은 잘 모를지도 모르지만 말이오. 아, 라이너스 폴링이 이곳에서 화학적 결합의 성질을 발견했다는 건 알고 계실지도 모르겠군. 하지만 찰스 리히터와 베노 구텐베르크가 리히터 지진계를 발명한 곳이 이곳이라는 것도 알고 계셨소? 또 컴퓨터의 개척자 고든 무어가 박사학위를 받은 곳이 이곳이라는 것도?"

"아니오, 몰랐습니다."

"이곳이었소. 물론 박사는 물리학자이니까, 반물질*이 발견된 곳이 이곳이라는 사실은 알고 계시겠지. 하지만 현대 항공학의 원리들이 만들어진 곳도 칼텍이고, 지구의 나이를 처음으로 정확하게 확정한 곳도 칼텍이라는 것은 몰랐을지도 모르오. 로저 스페리가 좌뇌와 우뇌의 기능이 다르다는 사실, 그러니까 좌뇌는 언어에 쓰이고 우뇌는 시각이나 공간 감각에 쓰인다는 사실을 파악한 곳도 이곳이라는 것도. 분자생물학도 칼텍에서 만들어내다시피 했소. 그 일의 핵심에 있었던 사람이 박사 같은 물리학자인

* 보통의 물질을 구성하는 소립자(양성자·중성자·전자 등)의 반입자(반양성자·반중성자·양전자)로 구성되는 가상적인 물질.

막스 델브뤼크였지. 그는 그 공로로 1969년에 노벨상을 탔소."

그는 다시 껄껄 웃었다. 나는 뭐가 우스운지 알 수 없었지만 함께 웃으려고 애를 썼다.

"칼텍 공동체의 구성원들이 노벨상을 몇 개나 받았는지 아시오?"

나는 고개를 저었다. 그런 생각은 해본 적도 없었다.

"열아홉 개요. 그런데 우리보다 약 다섯 배나 큰 MIT는 겨우 스무 개밖에 못 받았소."

나는 궁금했다. 이 사람은 칼텍 공동체의 구성원들 가운데 몇 명이 비참한 실패자로 전락하는지도 세고 있을까?

"내가 박사한테 이런 이야기를 하는 이유는 지금 내가 이야기를 하는 중에도, 장차 위대한 승리를 거두기 위한 작업들이 진행되고 있기 때문이오. 이곳 사람들이 하는 일을 살펴보시오. 놀랄 거요. 그리고 자극을 받기를 바라오. 오늘부로, 박사 역시 우리의 위대한 지적 전통의 일부가 되었소."

그때까지도 편안하다고는 할 수 없는 상태였지만, 학과장과 함께 천재들로 이루어진 추억의 길을 따라 차를 달리자니 멀미가 날 지경이었다. 나는 그에게 이렇게 말하고 싶었다. '마치 당신에게 자신을 증명할 여유를 여섯 달 주겠다, 그때까지 아무것도 안 나오면 당신은 끝장이다, 그렇게 말씀하시는 것 같군요.' 하지만 나는 그때 그 자리에서 그런 말을 하는 것이 옳다는 생각이 들지 않았다. 그래서 이렇게만 말했다.

"거기에 맞게 살아보도록 하겠습니다."

그는 나의 별 뜻 없는 약속을 열광적으로 환영했다.

"아, 우리도 박사가 그럴 거라고 믿고 있소! 그래서 우리가 함께 일해보자고 제안한 게 아니겠소. 박사학위를 받은 다음에 이곳에 오는 연구원들은 대부분 특정한 교수의 감독을 받으며 일을 하지요. 하지만 박사는 아니오. 플로디노프 박사, 박사는 자유롭게 뛰시오. 자기 자신만 책임지면 됩니다. 가르치고 싶으면 가르쳐도 좋소. 대부분의 연구원들은 그렇게 못하지만 말이오. 그러나 가르치기 싫으면 안 가르쳐도 좋소. 물리학 연구를 해도 좋고 막스 델브뤼크처럼 생물학 연구를 해도 좋소. 그것도 아니면 다른 어떤 분야의 연구를 해도 좋소. 원한다면 범선 설계를 하며 시간을 보내도 좋소! 모두 박사한테 달린 거요! 우리가 박사한테 이런 자유를 주는 이유는 박사가 최고 가운데도 최고라고 판단했기 때문이오. 그리고 박사가 이런 자유를 가지고 위대한 일들을 할 것이라고 믿기 때문이오."

그의 격려 연설은 감동적이었다. 그는 이런 연설에 유능한 사람이었지만 상대를 잘못 골랐다. 나는 그의 사무실을 나오면서 언젠가 꾼 적이 있는 악몽 속으로 되돌아간 느낌이었다. 꿈속에서 나는 버클리의 내 방으로 올라가는 엘리베이터를 타고 있었다. 그때 갑자기 내가 벌거벗었다는 사실을 깨달았다. 아침에 깜빡 잊고 옷을 입지 않은 것이다. 나는 양자택일을 해야 했다. 1번.

비상 정지 단추를 누른다. 그러면 밖으로 나가게 되는 시간은 늦출 수 있었지만, 비상이 걸려 사람들의 눈길을 끌 수밖에 없다. 2번. 문이 열리기를 기다렸다가 다른 사람들의 눈에 띄지 않고 내 책상까지 가도록 해본다. 꿈에서와 마찬가지로 인생에서도 나는 2번을 선택했다.

며칠 뒤 연구실에 앉아 나의 곤경에 대해 생각하고 있을 때, 갑자기 샴페인으로 내 감각을 마비시킬 기회가 찾아왔다. 학교 전체가 축제 분위기였다. 로저 스페리가 양쪽 뇌에 관한 연구로 1981년도 생리학과 의학 분야 노벨상을 수상했다는 발표가 나왔기 때문이다. 이제 노벨상 수상자 숫자에서 칼텍과 MIT는 같은 수가 되었다. 내 뇌의 반쪽은 그 소식을 듣고 자랑과 흥분을 느꼈지만, 나머지 반쪽은 압박감의 강도가 한 눈금 더 올라간 것처럼 불안을 느끼고 있었다.

그리스인과 바빌로니아인

마침내 내 연구실을 안내받고 보니, 학과장이 언급했던 쌍둥이 거인 가운데 한 사람인 머레이 겔만의 바로 옆방이었다. 며칠 뒤 나는 내 소개를 했고, 우리는 사람들이 세미나 후에 모이는 탁자에서 차와 쿠키를 놓고 잠시 이야기를 나누었다. 머레이는 그의 트레이드 마크인 볼로 타이(끈 넥타이)에 이르기까지 내가 사진을 보고 예상한 그대로였다. 나는 그에게 내 이름을 말했다. 그는 나에게 자기 이름은 말해주지 않고 내 이름만 되뇌었다. 그 정도 유명한 사람이면 말해줄 필요가 없다는 듯이. 그리고 자신의 이름을 알려주었지만 그것은 내가 알아듣기 어려운 발음이었다. 그는 자신의 발음이 러시아어로 정확한 발음이라고 말했을 뿐만 아니라 어원까지 설명해주었다. 나는 그의 독특한 성의 기원은 묻지 않았다. 나중에 보니 그의 성에 있는 하이픈은 그의 아버지가 만들어낸 것이었다. 그러나 어차피 거의 모두가 그의 성이 아니라 이름을 불렀다. 그러나 파인만을 딕(리처드 파인만의 애칭)이라고 부르는 사람은 그보다 훨씬 적었다.

머레이의 아이디어들은 20년 넘게 물리학을 지배했지만, 그의 가장 유명한 업적은 1960년대에 알려진 수십 가지 소립자들의 속성을 분류하고 설명하는 데 필요한 우아한 수학적 체계를 만들어낸 것이었다. 양성자나 중성자 같은 좀 더 전통적인 핵 구성 물질들과는 달리 이 소립자들은 발견된 지 수십 년밖에 되지 않았으며, 순식간에 붕괴해버렸다. 이런 소립자들은 가령 양성자들이 충돌할 때 나타났다.

머레이는 이 소립자들의 동물원에서 그가 발견한 수학적 질서를 설명하기 위해 나중에 양성자, 중성자를 비롯한 기타 입자들이 내적인 구조를 가지고 있으며, 이 구조는 몇 개의 기본적인 집짓기 블록의 다양한 결합으로 형성된다고 주장했다. 이 집짓기 블록들이 말하자면 소(小)-소립자였다. 즉 핵을 구성하는 입자들 내의 입자들이었다. 그는 이 집짓기 블록들에 쿼크(quark)라는 별명을 붙였다. 쿼크는 단독으로는 한 번도 발견된 적이 없었지만, 물리학자들은 결국 머레이의 이론을 받아들이게 되었다. 이 때문에 머레이는 원소의 주기율표를 발명한 드미트리 멘델레예프와 비교가 되었다. 머레이의 체계와 마찬가지로 주기율표 역시 화학적 원소들을 공통 속성에 기초하여 몇 가지 집단으로 분류했다. 또 머레이의 체계와 마찬가지로, 이 원소들 간의 질서는 결국 내부구조를 기준으로 설명되었다. 이 경우에는 나중에 전자라는 이름이 붙은 입자들로 이루어진 원자의 내부구조였다

머레이는 이 업적으로 노벨상을 받았으며, 제2차 세계대전 후 가장 영향력 있는 과학자로 손꼽히게 되었다. 그러나 그는 왠지 열등감에 사로잡혀 있는 것 같았으며 자신이 얼마나 똑똑한지 늘 과시하려고 안달하는 것처럼 보였다. 입자 가속기나 오수 정화조 이야기가 나오면 그는 그 작동방식, 핵심적인 설명, 최신 모델의 특징에 대해 줄줄이 설명할 수 있었고 또 설명하려 했다. 그가 나의 성을 일부러 정확하게 발음하려 한 것도 예외적인 일이 아니었다. 그는 외국의 도시 이름 같은 외국어들을 말할 기회를 찾아다니는 것 같았다. 그리고 그런 기회를 이용하여 원어민처럼 그 이름을 발음할 수 있는 능력을 과시하고 싶어했다. 정상적인 뉴욕 토박이처럼 말하는 것 같다가도, 어느 새 입술을 일그러뜨리며 다음 몇 마디는 퀘벡 사람이나 러시아 사람이나 중국 사람처럼 말하곤 했다. 한번은 방학 때 마야 언어 몇 마디를 배운 학생이 그 언어를 안다는 머레이의 주장을 검증하기 위해 한 문장을 말하고 뜻을 알려날라고 했다. 머레이는 그 학생을 꾸짖었다. 학생

이 말한 언어는 마야 남부어이고, 자신이 안다고 한 언어는 마야 북부어라는 것이었다.

파인만과 머레이는 적어도 이따금씩은 친구 사이였다. 머레이가 다른 여러 대학의 제안을 뿌리치고 칼텍으로 온 것도 파인만과 함께 있기 위해서였다. 파인만은 1960년대 말 모든 중성자 안에 있다고는 하지만 한 번도 독자적으로 나타난 적이 없는 쿼크의 존재를 뒷받침하는 핵심적인 이론적 증거를 제시했다.

당시 쿼크는 물리학계의 주요한 논쟁거리였다. 개별적인 쿼크를 분리해낼 수 없다면, 쿼크가 존재한다고 말하는 것이 무슨 의미가 있는가? 이 입자 내의 입자라는 것은 단지 편의를 위한 수학적 구성물에 불과한 것이 아닌가? 이런 질문들은 훨씬 더 큰 철학적 쟁점의 일부를 이루었다. 현대의 가속기 내부에서 이루어지는 실험의 결과들이 관찰에 영향을 주는 것은 아닐까? 그 결과들은 사실 숫자 자료에 대한 합의된 해석에 불과한 것이 아닐까? 사실 전자나 양성자와 같은 일반적인 입자들조차 우리는 오직 필름에 나타난 행로의 흔적이나 가이거 계수기*의 째깍거리는 소리 같은 간접적 증거들을 통해서만 본다. 그러면서도 우리는 관찰을 했다고 생각한다.

* 방사선의 세기를 알아보거나 전하를 띤 개개의 입자의 개수를 세기 위해 사용하는 방사선 검출기를 말한다.

더 낯선 입자들에 대해서는 증거가 훨씬 더 간접적이다. 이런 입자들은 다른 입자들의 산란*과 관련된 자료의 차트들 위에 나타나는 통계학적인 특징들로부터 존재를 추론한다. 외계인이 똑같은 실험적 관찰을 한다면, 그들이 관찰하는 '실재'에 대해 완전히 다른 개념을 갖게 되지 않을까? 실증주의라고 부르는 철학 학파는 우리가 감각으로 직접 파악할 수 있는 것만 실재로 받아들여야 한다고 주장하면서 이런 쟁점들을 피해 간다. 현대 물리학은 과감하게도 실증적 관점보다 훨씬 멀리 나아간다. 그럼에도 많은 물리학자들은 쿼크와 같은 관찰 불가능한 입자가 실재라는 생각은 좀 심하지 않느냐고 생각했다. 파인만은 그런 문제를 들이대면, 의사의 명령 때문에 형이상학 이야기는 할 수 없다고 대꾸하곤 했다.

그러나 1960년대 말에 양성자의 성질에 대한 실험적 관찰들을 이야기하면서, 그 실험 결과는 양성자 안에 보이지 않는 소립자들의 내적 구조가 있다는 가설로 설명될 수 있다고 주장한 사람이 바로 파인만이었다. 대부분의 물리학자들은 쿼크에 대한 이런 간접적인 '관찰'을 그것이 존재한다는 증거로 받아들였다. 그러나 얄궂게도, 늘 냉소적이었던 파인만이 오히려 이의를 제기하고 나

*
散亂 파동이나 입자선이 물체와 충돌하여 여러 방향으로 흩어지는 현상

선 것이다. 쿼크에는 그가 연구해온 물리적 과정과 관련이 없는 특별한 속성들이 많았다. 따라서 자신의 계산으로부터 그의 이론에 나오는 보이지 않는 입자들이 그런 특별한 속성들을 가지고 있다는 결론, 즉 그 입자들이 쿼크라는 결론을 도출할 수는 없다는 것이었다. 머레이의 이론은 틀렸고, 양성자 안에는 아직 특징이 밝혀지지 않은 다른 보이지 않는 입자들이 존재할 수도 있다는 이야기였다. 이 때문에 파인만은 그의 이론의 내부입자들을 쿼크라고 부르지 않고 대신 파톤(parton)이라고 불렀다.

머레이는 약이 올랐다. 한편으로는 파인만이 자신의 주장을 지지하지 않았기 때문이고, 또 한편으로는 파톤이라는 말에 라틴어 어근과 그리스어 어근이 섞여 있기 때문이었다. 그러나 자연을 묘사하는 문제에는 까다롭지만 라틴어와 그리스어를 섞는 규칙에 대해서는 무심한 것, 그것이야말로 파인만다운 면이었다.

파인만은 철학 연구를 경멸했지만, 사실 두 사람의 마찰은 철학의 차이에서 비롯되었다. 파인만은 물리학자에는 두 가지 종류가 있다고 말하곤 했다. 하나는 바빌로니아인이고 또 하나는 그리스인으로, 이것은 고대 문명에서 서로 대립하던 철학들을 가리키는 말이었다. 바빌로니아인은 숫자와 방정식, 기하학의 이해에서 서양 문명 최초로 큰 걸음을 내디뎠다. 그러나 우리는 수학을 발명한 것이 탈레스, 피타고라스, 유클리드 등 훗날의 그리스인이라고 이야기한다. 바빌로니아인은 어떤 계산 방법이 효과가 있느냐, 즉 실재하는 물리적 상황을 적절하게 묘사하느냐 하는 문제에만 관심을 가졌을 뿐 그것이 정확한가, 더 큰 논리 체계와 맞아떨어지는가 하는 문제에는 관심을 갖지 않았기 때문이다. 반면 탈레스를 비롯한 그리스인들은 정리(定理)와 증명이라는 개념을 만들어냈으며, 어떤 진술이 공표된 공리(公理)나 가정의 체계에서 나온 정확한 논리적 결과물일 때에만 그 진술을 참으로 여겼다. 간단히 말해서, 바빌로니아인은 현상에 초점을 맞추었고 그리스인은 그 밑에 깔린 질서에 초점을 맞추었다.

두 접근 방법 모두 강력한 힘을 발휘할 수 있다. 그리스인의 방법은 수학의 논리적 기제의 힘을 최대로 동원할 수 있다. 이런 종류의 물리학자들은 자신이 개발하는 이론의 수학적 아름다움을 따르는 경우가 많다. 실제로 이런 학자들은 수학을 아름답게 적용한 결과를 많이 생산했다. 머레이의 입자 분류도 그 한 예다.

바빌로니아인의 방법은 상상력의 자유를 어느 정도 허용한다. 이런 학자들은 엄격성이나 정당화를 크게 걱정하지 않고, 자신의 본능이나 직관, 자연에 대한 자신의 '직감'을 따라간다. 이런 미학 역시 위대한 승리를 거두었다. 이것은 직관과 물리적 추론의 승리였다. 즉 수학에 끌려다니지 않고, 물리적 과정의 관찰과 해석에 기초하여 추론함으로써 거둔 승리였다. 사실 이런 사고를 하는 물리학자들은 가끔 수학의 형식적 규칙을 어기기도 하고, 심지어 실험 자료의 이해에 기초하여 자기 나름의 이상하고 새로운 그리고 증명되지 않은 수학을 만들어내기도 한다. 어떤 경우에는 수학자들이 뒷일을 감당하기도 한다. 즉 물리학자들의 새로운 방법을 정당화해주거나 그들이 '공인되지 않은' 방법을 통해 정확한 답에 이른 경로를 연구하는 것이다.

파인만은 자신이 바빌로니아인이라고 생각했다. 그는 자연에 대한 이해가 자신을 어디로 이끌든 그냥 따라갔다. 머레이는 그리스인 쪽에 가까웠다. 그는 자연을 범주로 묶고, 자료에 능률적인 수학적 질서를 부여하고 싶어했다.

머레이는 파인만이 양성자의 내적 요소들을 쿼크로 인정해주지 않은 것에 화를 냈지만 파인만의 태도야말로 바빌로니아인 유형의 사상가들에게는 당연한 것이었다. 파인만은 일부 자료를 설명하면서 내적인 구조가 있는 것처럼 보인다고 지적했다. 그러나 그 자료만으로는 그것을 머레이가 제시한 내적 구조로 인정해야 할 필연적인 이유를 찾을 수가 없었다. 그리스인 유형의 사상가라면 이런 인정이 곧 아름다운 수학적 분류 구도를 지지하는 결과가 된다는 사실만으로도 선뜻 인정했을 것이다.

파인만은 이런 접근방법의 차이를 바빌로니아인 유형과 그리스인 유형이라고 분류했지만, 역사상 다른 많은 인물과 운동도 이와 비슷한 철학적 대립을 형성해왔다. 그리스인들 내에서도 마찬가지였다. 플라톤과 아리스토텔레스가 그런 경우다. 플라톤은 물질세계의 다양한 현상의 밑바닥에는 영원불변의 패턴이 있다고 믿었다. 머레이 같은 물리학자가 시도한 것은 이런 패턴을 수학적 용어로 묘사하는 것이었다. 그러나 아리스토텔레스가 보기에 플라톤은 뒷걸음질을 치고 있었다. 그에게는 자연의 이상적인, 즉 추상적인 묘사는 신화일 뿐이었다. 어쩌면 편의라고 생각했는지도 모른다. 그는 우리가 진정으로 관심을 가져야 하는 것은 우리의 감각으로 지각 가능한 현상이라고 생각했다. 그는 파인만과 마찬가지로 자연 자체를 숭배했지 그 밑에 깔려 있다고 하는 추상을 숭배하지는 않았다.

파인만의 구분을 보면서 나는 스페리의 뇌 이론도 비슷한 맥락에 자리잡고 있다는 생각이 들었다. 질서와 조직을 찾으려는 좌뇌는 머레이고, 그리스인이고, 플라톤이다. 반면 패턴을 지각하고 직관을 강조하는 우뇌는 파인만이고, 바빌로니아인이고, 아리스토텔레스다. 이런 접근방법의 차이가 뇌에서 나온 것이라면, 그것이 물리학을 넘어 그들이 사는 방식에까지 이어진 것도 놀랄 일은 아니다. 그리고 그때는 미처 몰랐지만, 이것은 내가 곧 직면하게 될 선택, 인생이 걸린 선택의 문제이기도 했다.

여러 면에서 파인만은 머레이 겔만의 지적인 숙적이었다. 1981년까지만 해도 파인만은 아직 대중매체에는 알려지지 않은 상태였다. 그러나 물리학계에서 파인만이라는 인물은 이미 수십 년째 머레이를 압도하고 있었다. 파인만의 전설은 1949년 서른 실의 나이로 「피지컬 리뷰」에 일련의 논문을 쓰면서 시작되었다.

뉴턴 이후로 물리학자들은 미분방정식이라고 부르는 방정식을 적어가면서 이론을 만들었고 미분방정식을 풀어서 그 이론의 결과를 계산했다. 양자이론도 다를 바가 없었다.

예를 들어 양자전기역학, 즉 하전입자들에 대한 양자이론이 한 전자의 미래의 행동을 예측한 내용을 발견할 경우, 1940년대의 물리학자라면 우선 현재의 상태, 즉 '처음' 상태를 묘사한다. 이 수학적 함수에는 하나의 과정이나 실험이 시작될 시점에서 전자의 운동량과 에너지 같은 양들을 묘사하는 정보가 포함된다. 이론 물리학자의 목표는 그 과정이나 실험이 끝났을 때 이 양들의 변화를 묘사하는 것이다. 즉 이른바 그 '나중' 상태를 계산하는 것이다. 또는 적어도 그것이 어떤 흥미 있는 최종 상태에 이를 확률을 계산하는 것이다. 물리학자는 이렇게 하기 위해 미분방정식을 푼다. 그러나 파인만이 양자이론을 정리하면서 미분방정식을 풀 필요가 없어졌다.

파인만의 접근방법에서는 주어진 처음 상태에서 출발한 하나의 전자가 특정한 나중 상태에 이를 확률을 찾아내려면, 어떤 규칙들을 이용하여 그 전자가 처음 상태에서 나중 상태에 이르기까지 택할 수 있는 모든 가능한 행로 또는 역사들이 차지하는 부분들을 더하면 된다. 파인만에게는 이것이 양자세계와 일상세계 또는 고전세계를 구분하는 것이었다.

고전이론에서는 하나의 입자가 하나의 한정된 행로를 따른다.

일상생활에서 물체들이 그렇게 하는 것과 마찬가지이다. 그러나 이상한 양자세계에서는 추가의 행로들을 고려해야 한다. 커다란 물체들의 경우, 이런 식으로 행로들을 더해도 결국 중요한 행로들 가운데 하나, 즉 익숙한 행로만 남기 때문에 아무런 양자효과도 눈치챌 수 없다. 그러나 전자와 같은 소립자에서는 전자가 우주의 먼 영역으로 여행하는 행로들, 시간 속에서 지그재그로 왔다갔다하는 행로들을 무시할 수 없다. 양자이론의 전자는 우주의 춤을 추면서 빠르게 우주를 돌아다닌다. 현재에서 미래로 혹은 과거로 갔다가 다시 오고, 이곳에서 우주의 모든 곳으로 갔다가 다시 온다. 전자는 이런 행로들을 따를 때 운동의 정통적인 규칙들을 무시한다. 따라서 마치 자연이 통제력을 잃은 것처럼 보인다. 파인만의 표현에 따르면, 심지어 "사건들의 일시적 질서도… 찾아볼 수 없다." 그러나 어떻게 된 일인지, 이 모든 행로가 다 합쳐지면 마치 여러 악기 소리가 음악적 조화를 이루듯이 실험물리학자들이 관찰하는 다음 양자상태가 된다.

파인만의 방법은 급진적인 것이었으며, 언뜻 보기에는 터무니없는 것이었다. 우리는 과학 지향적인 문화에 살기 때문에 질서를 기대한다. 우리는 시간과 공간에 대한 고정된 관념을 가지고 있다. 시간은 과거로부터 현재를 거쳐 미래로 흐른다. 그러나 파인만에 따르면, 이 질서의 밑바닥에는 그런 규칙들로부터 자유로운 과정들이 있다. 물론 파인만은 평소와 마찬가지로 자신의 이론의 그런 형이상학적 측면들에 대해서는 결코 이야기하지 않는다. 훗날 그를 알게 되었을 때, 나는 그가 어떻게 그런 이론을 떠올렸는지 이해할 것 같다는 생각이 든 적이 있다. 그 자신이 전자와 아주 비슷하게 행동을 했기 때문이다.

파인만의 접근방법은 당대의 물리학자들이 이해하거나 받아들이기 힘든 것이었다. 행로들의 합계를 내기 위해 그가 만들어낸 이른바 '행로적분'도 수학적으로 증명되지 않았으며, 간혹 분명치 않은 구석도 있다. 그리고 이론으로부터 답을 만들어내는 그의 그림 기법, 즉 파인만 다이어그램은 물리학자들이 그 전에 본 어떤 방법하고도 달랐다. 물리학자들은 증명을 요구했다. 그들은 일반적인 양자이론의 공식화로부터 시작해서 그의 공식들을 수학적으로 도출해내기를 바랐다. 그러나 그는 직관과 물리적 추론을 활용하여, 그리고 거기에 수많은 시행착오를 덧붙여 자신의 방법론을 개발했다. 파인만은 1948년 어떤 회의에서 자신의 방법론을 제시했다가 닐스 보어(Niels Bohr), 에드워드 텔러(Edward Teller), 폴 디랙(Paul Dirac) 같은 유명 물리학자들로부터 전면 공격을 받았다. 그들은 그리스식 방법론을 요구했다. 그러나 파인만은 바빌로니아인이었다. 그래도 그들은 파인만을 무시할 수 없었다. 그들에게는 몇 달이 걸렸던 이론적 계산을 그가 불과 30분 만에 해치웠기 때문이다.

결국 다른 젊은 물리학자 프리먼 다이슨(Freeman Dyson)이 파인만의 방법과 일반적인 방법 사이의 연관을 보여주었으며, 그 결과 파인만의 방법이 차츰 퍼져나가기 시작했다. 머레이를 비롯한 일부 물리학자들은 미분방정식을 이용하는 뉴턴의 방법보다는 파인만의 방법, 즉 행로적분과 파인만 다이어그램이 모든 물리학 이론의 진정한 기초가 아닐까 하는 추측을 했다.

물리학자들에게 파인만은 전설이고 머레이는 너무나 인간적인 존재였다. 그러나 어떤 면에서는 머레이가 물리학계의 방향을 잡아나가는 데 더 큰 영향력을 발휘했다. 이것은 머레이가 늘 질서와 통제를 중시하고 리더 역할을 찾아다녔기 때문이다. 그러나 파인만은 그런 역할을 피했다.

나는 어디에 낄 수 있을까? 나는 박사논문과 그리스 출신의 버클리 대학 연구원 니코스 파파니콜로 박사와 함께 쓴 몇 편의 논문 덕분에 칼텍에 갈 수 있었다. 니코스와 나는 파인만과 마찬가지로 양자세계와 고전세계를 연결하는 방법을 탐사했다. 우리는 우리에게 익숙한 공간의 3차원보다 훨씬 많은 차원을 가진 우주에 살기만 한다면 양자세계도 우리의 고전세계와 비슷해 보일 것이라는 사실을 발견했다. 이어 세계에 무한의 차원들이 있다면 원자물리학의 어떤 문제들도 쉽게 풀 수 있다는 것을 보여주었다. 그리고 마지막으로, 무한한 차원이라는 그릇된 가정을 상쇄하고, 우리의 3차원 세계에서도 정확하고 타당하게 적용되는 답을 발견하는 방법을 보여주었다. 우리가 한 작업의 전모가 분명하게 드러났을 때, 나는 우리가 택한 방법의 정확성에 놀랐다. 무엇보다도 우리의 독창성이 자랑스러웠다.

칼텍으로 오기 1년쯤 전 프린스턴의 젊은 교수 에드워드 위튼은 「피직스 투데이 Physics Today」라는 정기간행물에 글을 쓰면서 우리의 작업을 인용했다. 그는 훗날 1990년대 물리학계의 제1요다(영화 〈스타워즈〉의 등장인물)로서 파인만 교수의 자리를 차지하게 될 뿐만 아니라 결국 머레이의 옛 사무실도 차지하게 된다. 위튼의 글이 나온 후로 다른 학자들도 우리의 작업을 인용하기 시작했다. 인용 횟수는 수십 번으로 늘어났다. 1백 번에 이르자 나는 더 세는 것을 포기했다. 그때쯤 되자 사람들이 갑자기 존경하는 눈길로 나를 바라보기 시작했다. 박사논문 지도교수는 갑자기 내 작업의 세부사항에 관심을 갖기 시작했다. 학부시절의 은사가 갑자기 안부를 물어왔으며 교수들은 내가 하는 말에 귀를 기울이기 시작했다. 진로를 생각해야 할 때가 오자 나쁜 생각들이 떠오르기 시작했다. 의심이 들기 시작했던 것이다. 내가 다시 성공을 거둘 수 있을까? 그때 칼텍에서 일자리를 제안했다.

그리스인이건 바빌로니아인이건 아니면 그저 시카고 토박이이건, 나는 물리학에 대한, 그리고 삶에 대한 나 자신의 유형과 접근방법을 발견해야 한다는 것을 깨달았다. 그러려면 우선 나의 발견이 요행이라는 생각, 나의 성공이 다시 되풀이될 수 없는 횡재였다는 생각부터 극복해야 했다. 나는 그런 정신상태로 몇 주를 보냈다. 이런저런 정기간행물을 오랫동안 빤히 들여다보았지만, 페이지는 거의 넘어가지 않았고 아무것도 머리에 들어오지 않았다. 세미나에 참석하곤 했지만, 주제에 집중할 수가 없었다. 복도에서 동료 연구원들과 대화를 나누었지만, 아주 간단한 생각조차 따라갈 수가 없었다.

집에서는 세상에서 자기가 비집고 들어갈 틈을 이미 발견한 이웃 두 명과 함께 대마초를 피우며 저녁을 보냈다. 칼텍 물리학과를 졸업한 작고 가냘픈 몸집의 에드워드는 무기 연구와 관련된 일을 하면서 대마초 연기로 권태와 양심의 가책을 날려버렸다. 모두들 레이라고 부르던 라몬은 쓰레기 청소부로, 그날 몸에 밴 냄새를 잊기 위해 대마초를 피웠다. 나는 그들 옆에 앉아 있었다. 나는 자신이 존재하지 않는다는 비밀이 드러나지 않게 하려고 노심초사하는 스물일곱 살짜리 애송이에 불과했다. 우리는 함께 〈형사 콜롬보〉나 〈록퍼드 파일〉 재방송을 보면서, 우리가 신경을 쓰든 말든 추레한 형사들이 범인을 잡아줄 거라는 사실에 마음을 놓고 있었다.

그러는 동안 겨울이 왔고, 그와 더불어 새 학기, 새해가 시작되었다. 이제 나는 수술을 받은 뒤 연구실을 왔다갔다하는 파인만도 보게 되었다. 창조성의 가뭄으로부터 빠져나오는 데 도움을 줄 수 있는 사람이 있다면, 그럴 사람은 나의 우상 파인만밖에 없다는 생각이 들었다. 나는 그의 글 때문에 처음으로 물리학에 흥미를 갖게 되었다. 그리고 이제 운명은 나를 그와 같은 학교, 같은 과, 게다가 가까운 연구실에 갖다놓았다. 몇 걸음 걸어가 그의 문을 두드리기만 하면 그만이었다. 내가 비록 순진하고 자신에 대한 의심이 많은 사람이기는 했지만 다행히도 담력은 있었다. 아무리 살아있는 전설이라 해도 다가가보기는 할 수 있는 것 아닌가. 이렇게 해서 심리학을 철학보다 훨씬 더 경멸하는 파인만은 철학과 과학자의 심리학 두 가지 면에서 곧 나의 중요한 조언자가 되게 된다.

원숭이가 한다면 자네도 할 수 있다네

파인만의 첫인상은 전설에 부응하지 못했다. 그는 머레이보다 열 살 위인 예순 셋이었다. 그러나 바싹 여위고 나이도 더 들어 보였다. 긴 잿빛 머리카락은 숱이 적어지고 있었고 걸음걸이도 힘이 빠진 듯했다. 당시 내 정신상태를 고려할 때 나 역시 그와 비슷해 보였을지 모르지만, 파인만의 병은 내 병과는 종류가 달랐다. 당시 파인만이 불치의 병에 걸렸다는 것은 모두가 아는 사실이었다. 그 무렵 그는 장장 14시간에 걸친 수술에서 그의 내장 전체로 퍼진 종양을 제거했다. 그의 두 번째 암 수술이었다.

나는 그의 연구실로 가 문을 두드린 다음 내 소개를 했다. 파인만은 정중한 태도로 나를 환영했다. 나는 죽음과 관련된 직접적인 경험이 없었지만 연민을 느끼지 않을 수 없었다. 아마 거리에서 몸이 불편한 사람을 보고 느끼는 감정과 비슷했을 것이다. 어쨌든 죽음을 목전에 둔 사람과 이야기를 나눈다고 생각하자 마음이 불편해졌다. 그러나 묘하게도 파인만 자신은 죽음으로부터 별 영향을 받지 않는 것처럼 보였다. 나는 곧 그에게 여전히 에너지가 꿈틀댄다는 것을 알 수 있었다. 눈에서는 섬광이 번뜩이곤 했다. 불치의 암에 걸렸다 해도 그의 정신은 여전히 우주를 지그재그로 나아가고 있었던 것이다.

나는 가슴이 두근거리면서도, 그에게서 받은 인상에 놀라고 있었다. 그는 머레이와는 달리 반짝거리는 총명함으로 사람들에게 거리감을 느끼게 하지 않았다. 사실 그의 외모에는 위대함을 보여주는 것이 전혀 없었다. 만일 사진을 보지 못한 상태에서 길거리에서 만났다면 브루클린 출신의 퇴직한 택시 운전사라고 생각했을지도 모른다. 젊은 시절에는 소탈한 성적 매력을 풍겼을 것 같았다. 몇 마디 오간 뒤에 그는 웅얼거리는 소리로 "다음에 보세" 하더니 다시 하던 일로 고개를 돌렸다. 나는 방을 나왔다.

며칠 뒤 나는 로리첸 연구소 바깥에서 우연히 파인만을 만났다.

"믈로디노프, 맞지?"

나는 그가 내 이름을 기억해준 것이 흐뭇했고, 러시아식으로 이상하게 발음하지 않아 마음이 편했다. 나는 그에게 어디 가느냐고 물었다.

"카페테리아에 가네."

"카페테리아입니까, 아니면 아테네 신전입니까?"

우아한 아테네 신전은 머레이를 비롯한 대부분의 교수들이 좋아하는 곳으로, 양복을 입은 사람들이 많았고 학생들이 음식을 나르곤 했다. 반면 당시 카페테리아는 별 특색 없는 곳으로 군대 식당 같은 데서나 볼 만한 음식을 파는 곳이었다. 그래서 보통 그 내부를 묘사하는 그리시(기름에 절었다는 뜻)라는 별명으로 부르곤 했다. 파인만은 나를 물끄러미 보았다. 아테네 식당은 그의 스타일이 아닌 듯했다. 그는 그리시에 함께 가자고 했다.

당시 칼텍 카페테리아에서는 새로운 방법으로 햄버거를 구웠다. 오전 10시 경에 햄버거 수십 개를 대충 구운 다음 그릴 뒤편에 쌓아둔다. 그런 다음 누군가 햄버거를 주문하면, 쌓아놓은 데서 한 개를 꺼내 마저 구워준다. 이런 조리법을 보면서 카페테리아 주방과 미생물연구소는 공통점이 많은 곳이라는 생각이 들었다. 다만 햄버거가 미생물연구소에서 사용하는 빈약한 한천(寒天)보다 값이 싸다는 점이 다를 뿐이었다. 우리는 문을 닫을 시간인 2시쯤에 카페테리아에 들어섰다. 반쯤 구워둔 햄버거들이 차갑게 식었을 시간이었다. 아직 칼텍에 익숙하지 않았던 나는 햄버거 두 개를 주문했다. 나한테는 이것이 아침식사였다.

우리는 자리에 앉았다. 보통 파인만이 나타나면 주위에 사람들이 몰려들었지만, 이때는 시간이 늦어서 그런지 주위에 사람이 없었다. 우리는 잠시 말 없이 앉아 있었다. 나는 침묵을 깰 만한 똑똑한 이야기를 찾아내려고 애를 썼다. 그러나 내 머리는 텅 비어 있었다. 오랜 세월 뒤, 칸에서 컴퓨터 게임으로 상을 받았을 때의 느낌과 비슷했다. 그때 나는 조명을 받으며 무대에 올라 수천 명의 청중을 앞에 두고 있었다. 나는 준비해 간 말을 몇 마디 한 뒤에 무대에서 내려오려 했다. 그러나 사회를 보던 프랑스 TV 프로그램의 아름다운 방송인이 기습적인 질문을 던졌다. 아무런 생각도 나지 않았다. 내 이름조차 떠오르지 않았다. 신경회로가 조명에 타버린 것처럼 생각을 하는 것 자체가 불가능했다. 내 얼굴이 예쁘기라도 하면 매혹적인 웃음을 슬쩍 뿌리고 스타처럼 손을 흔들며 사라질 텐데. 나는 당황한 채 우두커니 서 있기만 했다. 보다 못한 사회자는 마침내 자기 질문에 스스로 답을 하고 말았다.

그래도 파인만하고 있을 때는 그때처럼 심각하지는 않았다. 그는 내 쟁반을 보았다. 이어 내 얼굴을 보더니 웃음을 지었다.

"전에는 과식을 하곤 했지. 음식이 입에 맞으면 많이 먹게 되어서 속이 불편한 일이 많았네. 하지만 그건 멍청한 짓이야. 이제는 그러지 않아."

파인만이 말했다.

"선생님한테 배울 게 많을 것 같습니다."

말하고 나니 그런 멍청한 소리가 또 어디 있나 싶었다.

"글쎄, 나는 나 자신 말고는 다른 사람들한테 뭐가 좋은지 잘 몰라서 말이야."

다시 침묵이 흘렀다. 내 머리는 빠르게 돌아갔다. 오래지 않아 다른 사람들이 몰려들 것이고, 그러면 그의 조언을 얻을 기회는 사라져버릴 것이 틀림없었다. 나는 묻고 싶었다. '어떻게 하면 제가 여기에 있어도 될 만큼 똑똑한 사람인지 아닌지 알 수 있을까요?' 그러나 나는 대신 이렇게 묻고 말았다.

"최근에 읽으신 책 중 괜찮은 게 있습니까?"

그는 어깨를 으쓱하기만 했다.

"저는 발견의 과정에 대한 책을 읽고 있습니다."

나는 대화가 끊어지는 것을 막으려고 안간힘을 쓰고 있었다. 나는 그 무렵 아서 쾨슬러의 『창조행위 The Act of Creation』를 읽고 있었다.

"얻을 게 있던가?"

그가 관심을 보이며 물었다. 늘 모든 일에 관심을 가지는 파인만다웠다.

"요즘 제 연구 방향을 제대로 잡지 못해서, 그걸 읽으면 도움이 될지도 모른다고 생각했습니다."

"그래, 그런데 얻을 게 있었냐고?"

그는 약간 짜증을 냈다. 그의 질문에 대답하지 않았기 때문이다. 나는 한 대 걷어차인 느낌이었다. 나는 아직 그 책에서 뭘 얻었는지 몰랐기 때문에 대신 그 즈음 읽은 대목에 대해 말했다. 나는 극적으로 들리게 하려고 애를 썼다.

"1914년에 베를린에서 일어난 일입니다. 봄날의 추운 아침이었지요. 바깥에서는 교회의 종이 울리고 있습니다. 아인슈타인은 베를린 대학의 연구실에서 아직 끝내지 못한 상대성이론에 대해 생각을 하고 있습니다. 그곳에서 멀지 않은 한 연구소에서는 철장에 갇힌 누에바라는 이름의 어린 침팬지가 막대기로 바나나 껍질을 한데 모으고 있습니다. 몇 년 뒤에 이 에피소드는『원숭이의 심리 The Mentality of Apes』라는 유명한 책에서 다시 이야기됩니다. 그러나 방안을 흘끔거리는 누에바는 명성에는 관심이 없습니다. 이 암컷 원숭이의 세계는 단순하죠. 먹고, 마시고, 자고…."

"섹스도 빼먹으면 안 되지."

파인만은 열띤 목소리로 덧붙였다. 나는 파인만이 섹스라는 주제를 자주 끼워넣는다는 것을 알게 되었다. 어쨌든 내 이야기가 그의 관심을 끌었다는 것이 기뻤다.

"그렇죠. 섹스를 하고, 짝을 찾고. 하지만 지금 당장은 배가 고픈데, 바나나 껍질은 소용이 없습니다. 누에바는 자신의 곤경을 연구하고, 쾰러라는 교수는 누에바를 연구합니다. 쾰러도 누에바처럼 또 아인슈타인처럼 채워야 할 허기가 있고, 또 그래서 그의 메모들은 앞으로 많은 책과 논문의 먹이가 됩니다. 쾰러는 누에바에게 바나나를 줍니다. 그러나 그것을 우리 안에 넣어주는 게 아닙니다. 바깥의 바닥에, 누에바의 손이 닿지 않는 곳에 놓아둡니다."

"잔인한 사람이로군."

파인만이 한마디 했다.

"누에바에게 문제를 내는 거죠. 누에바는 그것을 먹으려면 바나나를 손에 쥘 방법을 찾아내야 합니다. 누에바는 먼저 머리에 떠오르는 일을 합니다. 철창에 바짝 붙어 손을 뻗는 것이죠. 있는 힘껏 팔을 뻗어 바나나를 쥐려 하지만 바나나에는 손이 닿지 않습니다. 누에바는 화가 나서 바닥에 누워 데굴데굴 구릅니다. 그곳에서 멀지 않은 곳에서 아인슈타인은 9년째 상대성이론을 연구하고 있습니다. 확실한 돌파구를 열려면 아직 2년이 남았죠."

"아인슈타인도 누에바하고 비슷한 기분이었겠구먼."

파인만이 말했다. 나는 고개를 끄덕이며 웃음을 지었다. 이제 우리는, 즉 파인만과 나는 연구를 하면서 느끼는 좌절감에 대해 이야기하고 있는 셈이었다. 파인만과 내가 동료로서 대등하게 이야기를 하고 있었던 것이다! 우리의 마음이 통하고 있었다. 나는 행복했고 계속 말을 이어나갔다.

"7분이 지났습니다. 누에바는 갑자기 막대기를 바라보았습니다. 신음을 멈추고 막대기를 잡았죠. 누에바는 막대기를 우리 밖으로 내밀어, 바나나 너머까지 갖다댄 다음, 팔이 닿는 곳까지 바나나를 끌어당겼습니다. 누에바는 발견을 한 것이죠."

"그래, 그 사건에서 자네는 무엇을 배웠나?"

파인만이 물었다. 나를 고리에서 풀어줄 생각이 없었던 것이다. 순간 내 머릿속에서 그의 질문에 대한 똑똑한 답이 떠올랐다. 나는 무척 기뻤다.

"누에바에게는 두 가지 기술이 있습니다. 하나는 막대기로 물건을 미는 기술입니다. 또 하나는 철창 사이로 팔을 뻗어 물건을 집는 기술입니다. 누에바의 발견은 이 두 가지 분리된 기술을 하나로 합칠 수 있다는 것이었죠. 그렇게 되자 막대기라는 낡은 도구가 완전히 새로운 도구로 바뀌었습니다. 갈릴레이가 망원경을 사용하자 장난감이 하늘을 보는 도구로 바뀐 것과 마찬가지입니다. 많은 발견들이 이와 마찬가지입니다. 낡은 것 또는 낡은 개념을 바라보는 새로운 방법이라는 거죠. 사실 발견을 위한 원료는 늘 그 자리에 있었습니다. 그래서 발견이 그 당시에는 놀라운 일로 여겨지지만, 후대에는 단순하고 당연한 일로 여겨지곤 하는 것이죠. 따라서 저는 발견의 심리학에 대해 뭔가 배운 것 같습니다. 저도 그것을 적용할 수 있으면 좋겠습니다만."

그는 잠시 나를 바라보았다.

"자네는 시간을 낭비하고 있군. 발견에 대한 책을 읽어 가지고는 발견하는 방법을 알 수가 없네. 그리고 심리학이라는 것은 허튼 소리에 지나지 않아."

나는 따귀라도 한 대 맞은 기분이었다. 그러나 파인만은 잠시 입을 다물고 있다가 내 눈을 보면서 입에 장난기 섞인 웃음을 머금고 다정하게 말했다.

"내가 자네 이야기에서 배울 게 있다면 그건 이런 걸세. 원숭이가 발견을 할 수 있다면 자네도 할 수 있다."

≈

몇 주가 지났다. 나는 파인만과 친해졌지만 친구가 되지는 못했다. 다만 우리는 전보다 편하게 이야기를 나누게 되었다. 내가 전보다 그를 편하게 대할 수 있었기 때문이다. 나는 우리 대화를 녹음해도 되겠냐고 물었다. 물론 그에 대해서 뭔가를 쓰고 싶기 때문이라고 이유를 밝혔다. 나도 어떤 글이 될지는 몰랐다. 잡지에 실는 글 정도일 거라는 막연한 생각뿐이었다. 물리학을 평생의 업으로 삼을 자신은 없었지만, 글을 쓰는 것은 좋아했다. 나에게 글쓰기는 탈출구였고 영화를 보러 가는 것도 마찬가지였다. 파인만은 녹음을 싫어하는 것 같지는 않았다. 그는 누가 자기 이야기를 들어주는 것을 좋아했다.

선선한 날이었다. 캠퍼스는 고요했다. 걸어다니는 학생들이 몇 명 있었지만 다들 입을 다물고 있었다. 파인만의 연구실은 매우 실용적이었다. 여러 개의 칠판에는 수학 공식이 가득 덮여 있었고, 그가 젊은 시설에 만들어낸 다이어그램들이 많이 붙어 있었다. 그 외에 책상 하나, 긴 의자 하나, 낮은 탁자 하나, 책꽂이 두 개가 전부였다. 어떤 것도 호사스러워 보이지 않았다. 그가 20세기의 가장 유명하고 존경받는 과학자 가운데 한 명으로 꼽힌다는 사실을 보여주는 것은 아무것도 없었다. 파인만은 나를 가장 괴롭히던 문제에 대해 이야기하고 있었다. 나에게 과연 과학자가 되는 데 필요한 특별한 자질이 있는가?

파인만은 이렇게 말했다.

과학자가 되는 것이 대단한 일이라고 생각하지 말게. 보통 사람도 과학자와 크게 다르지 않네. 혹시 화가나 시인과는 크게 다를지도 모르지. 사실 그 점도 의심스럽네만. 나는 일상생활의 정상적이고 일반적인 사고와 과학자들의 사고 사이에 비슷한 점이 많다고 보네. 보통 사람들도 어떤 것들을 종합하여 세상에 대한 결론을 내리지. 또 그림이나 글이나 과학이론처럼 전에는 없던 것들을 만들어 내네. 그 과정에 공통점이 있을까? 나는 보통 사람이 하는 일과 과학자가 하는 일 사이에 큰 차이가 있다고 보지 않네. 예를 들어 사람들은 누구나 거짓말을 할 수 있네. 그런데 거짓말을 하는 데는 어떤 상상력이 필요하지. 거짓말을 한다 해도 자연과 합리적으로 맞아떨어지는 이야기를 지어내야 하는데, 이것은 심지어 어떤 사실들과 일치해야 하는 경우도 있네. 가끔 사람들은 이 일을 훌륭하게 해내지. 꼭 과학자나 작가여야 할 필요는 없어.

과학자가 다음과 같은 말을 하는 사람보다 더 훌륭할까?

"메리가 아직 집에 오지 않았군. 틀림없이 점심을 먹으러 로프 앤드 래들 식당에 갔을 거야. 메리는 그곳에 가기를 좋아하기 때문이지. 그곳으로 연락을 해보자."

이 사람이 그곳에 연락을 해보았더니, 메리는 과연 그곳에 있었네. 이것이 창조성일까? 사람들은 자신의 경험에서 나온 관념들을 종합하여 다른 어떤 것 또는 어떤 관계를 본다네. 그러니까 메리가 학교 이야기를 할 때면 늘 얼굴을 씰룩거린다는 것을 갑자기 알아채기도 하는 거지. 사람들은 이런 깨달음을 바탕으로 어떤 행동을 하네. 사실 모든 일반적인 생활과 행동은 내 눈에는 아주 유사해 보이는 인간 활동과 관련이 되어 있지.

물론 과학자들은 건설적인 방식으로 생각을 하네. 과학자에게 어떤 질문을 하면 과학자는 걱정을 하지. 하지만 보통 사람이 가끔 걱정하는 의미에서의 걱정은 하지 않는다네. "이 환자가 나을지 모르겠어" 하는 식으로 걱정하지는 않는다는 걸세. 이것은 생각이 아니라 단순한 걱정일 뿐이지. 반면 과학자들은 뭔가를 구축하려 하네. 그냥 걱정만 하는 것이 아니라 뭔가를 생각해내려 하지.

과학자는 탐정처럼 뭔가를 분석하네. 탐정은 실마리를 가지고 자신이 없었던 장소에서 어떤 일이 벌어졌는지 알아내려 하지. 과학자는 실험으로 얻은 실마리들을 가지고 자연의 성질이 어떤지 궁리해내려 하네. 과학자의 손에는 실마리가 있고, 과학자는 그것을 가지고 문제를 풀려고 노력하지. 이런 점에서 과학자의 일은 다른 무엇보다도 탐정의 일과 가장 흡사하네.

그러나 어떻게 된 일인지 파인만을 볼 때 셜록 홈즈가 떠오르지는 않았다. 누구와 함께 어디를 가건 늘 "소립자는…" 하고 이야기를 꺼내는 것처럼 보이는 머레이가 오히려 셜록 홈즈와 비슷해 보였다. 머레이는 물리학자들 가운데도 '나는 남들보다 똑똑하기 때문에 그것을 해낼 수 있다'고 생각하는 학파 소속이었다. 물론 머레이는 실제로 남들보다 똑똑했다. 하지만 나는 그렇지 못했다. 파인만은 옷 입는 것이나 말하는 것이 노동계급 출신에 더 가까울 정도로 평범한 물리학자의 모습이었다. 이것이 나에게 더 잘 맞는 스타일이었다. 그런 생각을 하자 갑자기 탐정 비유가 이해가 되는 것도 같았고, 기운이 났다. 세상에는 록퍼드나 콜롬보처럼 실수를 많이 하는 탐정들이 있었다. 또 샘 스페이드* 같은 평범한 탐정들도 있었다. 그럼에도 그들은 어찌되었건 그들 주위 세계의 수수께끼를 풀어냈다.

그러나 나는 그날 밤 아파트로 돌아가서 에드워드와 레이에게 도서관에서 셜록 홈즈 영화를 하나 빌려오자고 제안했다. 물리학

*
미국의 추리소설가 대실 해밋의 작품에 등장하는 탐정. 차갑고 현실주의자의 면모를 가졌다.

자의 역할 모델로는 그래도 록퍼드보다 셜록 홈즈가 낫다고 생각했기 때문이다. VCR이 나오기 전이라서 우리는 필름과 영사기를 빌려다가 건물 바깥벽에 영화를 틀어야 했다. 그 이후로 나와 이웃들은 금요일 밤이면 밖으로 나가 똑같은 영화, 즉 〈바스커빌가의 개 The Hound of the Baskervilles〉라는 영화를 봤다.

우리는 대마초와 맥주를 들고 수영장 옆 야자나무 그늘에 앉아 그 음침한 흑백영화에 빠져들곤 했다. 에드워드는 이따금씩 셜록 홈즈처럼 옷을 입었지만, 그의 파이프에 든 내용물은 홈즈처럼 빈틈없는 논리적 분석을 하는 데 도움이 되지 않았다. 우리는 〈록키 호러 픽처 쇼 The Rocky Horror Picture Show〉의 관객이 된 것처럼 우리와 같은 세상 사람으로 보이지 않는 배슬 라스본*의 과장된 대사를 미리 외쳐대곤 했다. 영화가 끝날 무렵이면 나는 패서디나의 퇴폐와 구세계의 예법 중간에서 길을 잃고, 영화의 힘에 놀라곤 했다.

파인만은 말을 이었다.

사실 우리가 하는 일은 일반적이고 정상적인 것 가운데 한 특정한 종류를 남들보다 훨씬 더 많이 하는 것뿐일세! 사람들에게는 상상

* 1939년도 영화 〈바스커빌가의 사냥개〉에서 셜록 홈즈로 출연한 배우.

력이 있네. 다만 그 상상력을 과학자만큼 오래 이용하지 않을 뿐이지. 누구나 창조성을 이용하네. 다만 과학자들은 그 창조성을 더 많이 이용할 뿐이지. 과학자에게 보통 사람들과 다른 점이 있다면, 그 일을 아주 집중적으로 하기 때문에 오랜 세월 동안 한정된 주제 위에 많은 경험이 쌓이게 되었다는 것뿐일세.

과학자의 일이란 인간의 정상적인 활동을 극단으로, 아주 과장된 형식으로 밀고나가는 것일세. 보통 사람들은 과학자만큼 자주 그렇게 하지 않네. 나와는 달리 같은 문제를 매일 생각하지 않아. 오직 나 같은 천치만 그렇게 한다네. 아니면 다윈 같은 사람, 아니면 똑같은 문제에 대해 걱정하는 어떤 사람만. "동물들은 어디서 왔을까?" 또는 "종들 사이의 관계는 무엇일까?" 그런 문제 말일세. 과학자는 그런 문제를 놓고 일을 하네. 오랜 세월 동안 그 문제를 생각하네. 내가 하는 일은 보통 사람들도 자주 하는 일이지만, 나는 훨씬 더 많이 하기 때문에 미친 것처럼 보이기도 하지! 하지만 그것은 한 인간으로서 잠재력을 찾으려고 노력하는 걸세.

예를 들어 자네나 내 팔에는 저 바깥의 멋진 남자들처럼 근육이 두드러져 보이지 않네. 우리한테 그것은 불가능해. 그 사람들은 근육을 만들기 위해 열심히, 정말 열심히 노력하거든. 근육들을 얼마나 크게 만들 수 있을까? 어떻게 가슴을 멋지게 만들 수 있을까? 그들은 어디까지 갈 수 있는지 알아내려 하네. 따라서 그들은 뭔가를 집중적으로, 보통 이상으로 하네. 그렇다고 우리가 역기를 절대 들지 않는다는 것은 아니야. 다만 그들이 역기를 훨씬 더 많이 들 뿐이지. 우리와 마찬가지로 그들 역시 어떤 한 방향에서 인간 활동의 가장 큰 잠재력을 찾으려 하는 걸세.

과학자가 뇌 운동을 하는 사람이라고? 내가 이 말을 믿어야 할까? 창조적 천재성이 시냅스 운동의 한 형태란 말인가?

나는 물리학에 발을 들여놓은 이후 공부를 해오면서 물리학자가 신비주의자와 비슷하다고 생각해왔다. 물리학자의 펜은 창조에 대한 새로운 관점으로 신학을 흔들 수도 있고, 라디오, 트랜지스터, 레이저 또는 원자탄과 같은 발명으로 세계를 바꿀 수도 있다. 학교에서 얻어듣는 물리학 전승은 이런 관점을 장려한다. 우리는 아인슈타인의 IQ는 측정할 수가 없을 정도로 높으며, 그가 순수한 논리를 이용해 우주와 공간 사이의 관련을 도출해냈다고 배웠다. 닐스 보어는 물리학적인 직관 때문에 종종 신과 직접 연결되는 끈을 가진 사람으로 일컬어졌다는 이야기를 들었다. 우리는 기계론적 철학의 기초를 흔드는 불확정성의 원리를 정리한 베르너 하이젠베르크를 위해 축배를 들었다. 내 친구들 사이에서는 이런 물리학자들이 모두 신화적인 영웅이었다.

사람들은 하얀 가운을 입은 과학자를 상상한다. 적어도 물리학자는 그런 가운을 입지 않는다. 그러나 어떤 면에서는 나도 그와 비슷한 통속적인 오해에 빠졌다. 과학자들이 보통 사람들과는 다르다는 오해이다. 나는 사실이 나타나고 나서 오랜 뒤에야 정리된 치밀한 논리를 통해 그들의 이론을 소화했다. 그들의 불안에 대해서, 그릇된 출발에 대해서, 혼란에 대해서, 이불을 뒤집어쓰고 푸념하던 소리에 대해서는 아무것도 몰랐다. 대학원생 시절에도 교수를 한 인간으로 만난 적은 없었다. 그들은 답을 말해주기 위해 존재하는 사람들이었으며, 부자와 가난뱅이를 나누는 것과 똑같은 벽에 의해 우리와 분리되어 있었다.

그러다가 이제 나 자신이 교수진의 한 사람이 되었다. 진짜 과학자가 된 것이다. 아주 이상한 느낌이었다. 나는 내가 보통 사람들과 다르다고 생각하지 않았다. 그런데 과학자가 보통 사람들과 다르다면, 내가 어떻게 과학자가 될 수 있겠는가? 그러나 파인만은 걱정하지 말라고 말하고 있었다. 과학자들도 보통 사람들과 다르지 않다. 그것은 간단한 깨달음이었지만 큰 위로를 주었다.

모두가 안개 속을 헤맬 뿐이라는 이야기를 들으면 마음이 편해지지만, 사실 여기에도 이면이 있다. 그들 가운데 다수는 크게 헤매지 않고 올바른 방향으로 갈 확률이 높다는 것이다. 막다른 골목으로 가는 사람은 누구이고, 성공에 이르는 길로 가는 사람은 누구인가? 누가 한 일이 기억되고, 누가 한 일이 잊혀질까? 할 만한 가치 있는 일은 무엇이며, 그것을 아는 방법은 무엇일까? 나에게는 이런 문제들에 대한 답이 없었다. 그러나 나는 학과장이 나에게 해준 격려사를 돌이켜보았다. 살펴보라. 그는 그렇게 말했다. 다른 사람들이 뭘 하고 있는지 보라. 나는 먼저 다른 사람들에게 나 자신을 열기로 결심했다.

≈

내가 처음으로 마음을 열려고 시도한 사람은 나와 비슷한 지위에 있는 스티븐 울프럼이었다. 우리는 자칭 이탈리아 식당이라고 부르는 곳에서 점심을 먹었다. 월프럼은 희한한 로스트비프를 주문했다. 그러자 족히 500그램은 되어 보이는 고기가 나왔다. 빵은 없었다. 감자칩도 없었고 피클도 없었다. 그냥 붉은 고기 500그램뿐이었다. 나는 샌드위치와 감자칩을 주문했다. 우리는 비록 음식에 대한 취향은 매우 달랐지만 다정하게 대화를 나누었다.

그는 처음에는 아주 사근사근한 사람 같아 보였다. 그러나 이야기를 하다 보니 놀랄 만한 사실이 몇 가지 드러났다. 그는 옥스퍼드에서 공부를 했고, 열다섯 살 때 과학 논문을 처음 발표했으며, 스무 살에 칼텍에서 이론물리학 분야 박사학위를 받은 것이다. 아니야, 나는 결론을 내렸다. 우리는 절대 친구가 될 수 없어. 세월이 흐른 뒤 나는 그에 관한 기사를 읽게 된다. 그는 큰 성공을 거둔 소프트웨어 회사를 설립하고, 그가 좋아하는 이론인 셀룰러 오토마타를 발전시켜 그 결과를 책으로 출판하여 명성을 얻는다. 그런데 보통 사람이라고? 나는 파인만이 이 사람을 만나보았는지 궁금했다.

며칠 뒤 나는 두통으로 얼굴을 찌푸린 채 연구실에 출근했다. 새벽 4시까지 레이와 함께 있었다. 그는 여자친구를 찾지 못해 우울해했다. 그즈음 레이는 여자친구를 찾는 일에 몰두한 것 같았다. 그는 가끔 스페인어로 혼자 중얼거리곤 했는데, 그것이 그의 성이 레이가 아니라 라몬임을 일깨워주는 유일한 점*이었다. 라디오에서 사랑 노래가 흘러나오면 그는 욕을 내뱉거나 다른 방송으로 돌리곤 했다. 한번은 라디오를 부수어버리기까지 했다. 그는 낮이나 밤이나 여자 문제를 생각했고 그것 때문에 기력이 소모되고 있었다.

나는 파인만의 분석 방법을 적용하여 그를 한 사람의 과학자라고 생각했다. 그의 분야는 사랑이었으며, 다윈이나 파인만과 마찬가지로 늘 똑같은 문제를 생각했다. 그의 경우에는 짝을 찾는 문제였다. 레이는 자살 이야기를 했다. 실제로 그에게는 권총이 있었기 때문에 나는 그가 그것을 사용하지 못하게 하는 것이 나의 의무라고 생각했다. 나는 그가 마약을 가까이 하지 못하게 했고 대신 마티니를 함께 마셨다. 우리는 비슷한 문제로 괴로워하고 있다는 점에서 서로를 이해할 수 있었다. 우리 둘 다 우리가 바라는 연인을 얻지 못했다. 내 경우에 연인은 풀어볼 만한 좋은 문

* 레이는 미국식 이름이고, 라몬은 스페인식 이름.

제였다.

연구실에서는 머레이가 전화에 대고 누군가에게 악을 쓰는 소리가 벽을 뚫고 들려오는 바람에 두통이 더 심해지는 것 같았다. 은행직원이 일을 멍청하게 처리한 것 같았다. 머레이는 다른 사람이 어떤 것을 모르거나 자기만큼 빠르게 이해하지 못하면 심하게 짜증을 내곤 했다. 물론 그 사람이 파인만이면 이야기가 달랐다. 머레이는 그럴 경우에는 그의 무지나 느린 이해를 무척 재미있어 했다. 머레이는 세상일에 대하여 백과사전적인 지식이 있고, 파인만의 사실적인 지식은 수학과 과학에만 집중되어 있었다. 따라서 머레이는 파인만이 잘 모르는 분야에 대하여 이야기를 할 수 있었다.

나는 아스피린을 몇 알 먹고 나서 무슨 일을 할지 생각해보았다. 전에 나는 논문과 논문 사이에 쉬는 시간을 가지곤 했다. 그냥 읽고 생각만 하는 시간을 가진 것이다. 좋은 아이디어를 찾아내는, 풀어볼 만한 좋은 문제를 찾아내는 시간이었다. 이런 시간을 갖는 것은 이론물리학자에게는 흔히 있는 일이었다. 그러나 집중하지 못하는 것은 물리학자에게 흔히 있는 일이 아니었다. 나는 근처 연구실의 젊은 교수를 찾아가보기로 했다. 혹시 그와 협력작업을 할 수 있을까 해서였다. 그는 다가가기 편한 사람 같았으며 강한 힘과 관련된 유명한 박사논문을 써낸 적도 있었다.

물리학의 매력 가운데 하나는 어마어마한 규모의 아이디어들을 머릿속에 굴려볼 수 있다는 것이다. 언뜻 보기에는 물리학자가 하품이나 하면서 수학적 표현들을 가지고 놀며 하루를 보내는 것 같다. 그러나 강한 힘의 연구가 상상력이 풍부한 과학소설에서나 발견할 수 있을 만한 큰 힘을 탐사하는 작업이라는 사실을 깨닫게 되면 생각이 달라질 것이다. 강한 힘이 없다면 핵 내부의 양의 전기를 띤 양성자들 사이에 전기적인 반발 작용이 일어나 우주의 모든 원자가 터져버릴 것이다. 수소 기체만이 예외이다. 이 기체의 핵에는 양성자가 하나밖에 없기 때문이다. 이런 식으로 생각해보면, 물리학자가 발견할 수 있는 힘과 잠재력에는 한계가 없는 것처럼 보인다.

물리학자들은 강한 힘이 쿼크들을 서로 묶고 있기 때문에 머레이의 쿼크들이 단독으로는 발견되지 않는다고 생각했다. 그러나 이런 설명에는 문제가 있었다. 실험 관찰에 따르면, 양성자 같은 입자들은 서로 충돌할 때 내부에 있는 입자들이 가볍게 흔들리며 자유롭게 움직이는 듯한 반응을 보이기 때문이다. 그렇게 단단히 묶여 있다면 어떻게 이렇게 자유롭게 움직일 수 있는가? 양자색깔역학(강한 힘의 이론)의 결과들을 계산하는 것은 매우 어려웠기 때문에 이 문제에 대한 답은 분명해 보이지 않았다. 그런데 나와 같은 복도를 쓰는 젊은 교수가 이 문제를 푸는 데 돌파구를 연 것이다. 양자색깔역학에 따르면, 강한 힘은 다른 근본적인 힘들과는 달리 거리가 멀어질수록 강해진다는 것이 답이었다. 두 개의 쿼크를 2~3센티미터 떨어뜨려 놓게 되면(실제로는 불가능하다), 이 쿼크들은 상상할 수 없을 정도로 강한 인력을 경험하게 된다. 그러나 양성자 내의 두 쿼크는 서로에게 거의 영향을 주지 않으면서 마치 아무런 힘을 느끼지 않는 것처럼 움직인다.

따라서 강한 힘의 영향으로부터 벗어나려면 달아나는 것이 아니라 더 가깝게 다가가야 한다. 이것은 물리학에서는 새로운 것이었지만, 칼텍에서 나에게 영향을 주는 인간들이 발휘하는 힘과는 매우 비슷했다. 나는 그곳에서 무엇이든 마음대로 할 자유가 있었다. 사실 내가 중요한 연구를 하는 진지한 과학자인 것처럼 행동하기만 하면, 나는 실제로 자유를 느낄 수도 있었다. 그러나 마음대로 멍청한 소리를 할 자유는 없었고 실패할 자유도 없었다. 연구에 대한 강박에 사로잡히는 것 외에 다른 일을 할 때에는 자유를 느끼지 못했다. 게다가 아무 연구나 할 수 있는 것도 아니었다.

내가 보고 자란 물리학계에는 존경을 받는 순서가 정해져 있었다. 내 연구실은 소립자 이론가들이 모여 있는 층에 자리잡고 있었다. 이 이론가들은 파인만이나 머레이처럼 자연의 근본적인 힘과 입자의 이론을 연구했다. 그들은 근본적인 법칙을 발견하기보다는 적용하는 생물학자나 화학자나 다른 대부분의 물리학자들을 깔보는 경향이 있었다. 이들의 관점에서는 트랜지스터와 같은 발견을 이끌어냄으로써 현대의 디지털 시대의 문을 연 고체물리학조차도 가치가 떨어지는 일로 치부되었다. 머레이는 그것을 '지저분한 상태 물리학'*이라고 불렀다.

맨해튼에서 서쪽을 바라보는 소울 스타인버그**의 고전적인 「뉴요커」 표지의 선들을 따라 이런 문화적 풍경의 지도를 그려볼 수도 있겠다는 생각이 들었다. 전경인 세상의 중심에는 맨해튼의 건물들처럼 여러 소립자 이론들이 자리잡고 있다. 이곳은 파인만과 머레이를 비롯하여 우리 층 사람들 대부분이 일하는 곳이다. 이곳을 둘러싼 지역(즉 뉴저지 정도가 될 터인데)은 수학을 비롯하여 다른 이론물리학 영역이다. 멀리 널찍한 중앙지대에는 주변으로 밀려난 실험물리학의 거대한 평원들이 있다. 마지막으로 해안 쪽에 아주 작은 건물들 몇 동이 있다. 이곳에는 응용물리학, 생명과학을 비롯해 주목할 가치가 없는 분야들이 모여 있다. 나는 세상의 중심 근처에 있는 한 자유롭게 움직일 수 있었다. 그러나 내 연구가 거기서 멀어질수록 나를 잡아당기는 힘을 더 강하게 느끼게 될 터였다.

파인만은 그런 힘들을 무시했다. 그는 모든 물리학에, 다른 과학에, 다른 많은 창조적 노력에 관심을 가졌다. 그는 사회적으로

*

고체물리학은 solid state physics인데 이것을 비슷한 발음으로 비꼬아 squalid state physics라고 부른 것.

**

Saul Steinberg, 1914~1999. 루마니아 태생의 미국 풍자 만화가·삽화가.

도 순응적이지 않았다. 교수의 예법에 맞게 행동하기는커녕 스트립 클럽에 가서 물리학 연구를 하곤 했다. 스트립 클럽에 가면 당연히 술을 마시거나 스트리퍼들과 신나게 놀 것이라고 예상하지만, 파인만은 술을 마시지도 않았고 아내를 배신하는 행동도 하지 않았다. 나는 당시에는 나에게도 다른 사람들의 기대를 무시할 수 있는 힘이 있다는 사실을 깨닫지 못했다.

당시 나는 강한 힘에 대한 이러한 분석을 나 자신에게 적용할 만한 통찰력이 없었다. 어쨌든 나는 이 젊은 교수의 아이디어에 매력을 느꼈다. 또 그가 나처럼 젊은 나이에 일찌감치 성공을 거두었고, 다음 단계로 나아가는 데도 성공(칼텍의 종신교수가 되었다는 뜻이다)을 거두었기 때문에 그가 나를 특별히 돌봐주는 스승이 될 수도 있을 것이라고 생각했다.

나는 그의 연구실로 들어갔다. 화분 몇 개와 헌팅턴 가든스(칼텍 근처에 있는 유명한 식물원)의 포스터가 방을 장식하고 있었다. 내가 물리학자의 연구실에서 식물을 본 것은 이번이 두 번째였다. 전에 알던 수학물리학자의 연구실에서 본 적이 있었다. 그러나 보았다고 하기에는 좀 문제가 있는 것이 그의 방의 식물들은 물을 주지 않아 모두 말라 죽어 있었기 때문이다.

젊은 교수는 몸집이 크고 둥글둥글한 사람이었고 명랑해 보였다. 잠시 잡담을 나눈 뒤 그에게 요즘은 뭘 하느냐고 물었다. 물론 최대한 무관심한 척하려고 애를 썼다. 연구자들은 보통 협력자가 나서면 반가워하지만 필사적인 태도로 달라붙는 협력자는 아무도 원치 않는다. 그러나 나의 무관심한 태도가 좀 과장되었던 것 같다는 느낌이 들었다. 그가 이상한 표정으로 나를 보았기 때문이다.

"아, 이 층에 계신 분들이 뭘 하고 계신지 알려고 돌아다니는 중입니다."

내가 말했다.

"그렇군요."

그는 웃음을 지었으나 여전히 대답을 하지 않았다.

"그래서… 뭘 하고 계세요?"

나는 다시 물었다.

"아, 박사님이라면 하고 싶어 하지 않을 일입니다."

"그거야 모르는 일이죠."

그는 계속 웃음만 지을 뿐 이야기를 하지 않았다. 나는 운전자가 신호등을 보며 녹색으로 바뀌기를 기다리듯이 그를 빤히 바라보고 있었다. 그러나 신호는 녹색으로 바뀌지 않았다.

나는 언젠가 대학원에서 성공을 거두기 위해 가장 중요한 자질은 끈기라고 결론을 내린 연구 논문을 읽은 적이 있었다. 나는 사회학 연구자들이야말로 이 자질이 넘쳐나는 경우가 많다고 생각했다. 그들은 끈기를 가지고 통계학적 타당성을 넘어선 지점으로까지 결론을 밀고 나가니까. 그럼에도 나 자신이 끈기가 있는 사람이었기 때문에 그 연구로부터 적잖이 위안을 얻었다.

"그래, 무슨 작업을 하십니까?"

내가 끈기 있게 물었다.

그는 어깨를 으쓱했다.

"아, 요즘에는… 주로 정원 일을 하죠."

대답을 하는 중에도 그는 계속 웃고 있었다. 복도로 나온 나는 그가 학생들을 가르쳐서 월급값은 하겠지만 배울 것은 없다고 내심 그를 경멸하게 되었다. 과학을 가르친다고 해서 과학자가 되는 것은 아니었으므로. 당시 내가 보기에, 과학을 가르치는 것은 그의 자리에 어울리는 일이 아니었다. 그때부터 나는 늘 그를 원예 교수라고 생각하게 되었다.

나는 친구 콘스탄틴을 우연히 만났다. 그는 아테네 출신으로 박사학위를 받은 뒤 연구원 일을 하고 있었다. 그의 아버지는 그리스인이었지만 어머니는 이탈리아인이었다. 그는 어머니로부터 스타일에 대한 깔끔한 감각을 물려받은 듯했다. 이것은 옷을 입는 방식에도 적용되었고, 물리학에 접근하는 방법에도 적용되었다.

"그 사람을 잘 모르는구나."

콘스탄틴이 작은 소리로 말했다.

"그 사람은 이미 다 타버렸어. 학교에서는 그 사람이 대학원을 나오자마자 종신교수직을 주었어. 그때는 모두 그 사람을 데려가려고 난리였거든. 하지만 알고 보니 한 번 요행으로 우승한 경주마더라 이거지."

콘스탄틴은 능글맞게 웃고 있었다. 한 번 요행으로 우승한 경주마라. 나는 의무감 때문에 똑같이 능글맞게 웃음을 짓고 있었지만 속으로는 '바로 내 얘기네' 하는 생각을 하고 있었다. 다만 나에게는 종신교수직을 주는 끔찍한 실수를 저지르지 않았다는 점이 다를 뿐이었다. 나는 몇 년 후면 나도 완전히 끝장이 나고 나의 이웃처럼 방위산업체에서 우울한 일을 해야 할 것이라고 상상했다. 그러나 내가 미사일을 설계하는 모습은 도저히 떠올릴 수가 없었다. 적어도 그 미사일을 누구한테 사용하는가 하는 문제에 대한 결정권이 없는 상태에서는 그럴 수가 없었다.

머리가 계속 아팠다. 나는 아스피린을 더 얻기 위해 물리학과의 비서인 헬렌에게 갔다. 내 연구실에서 보자면 머레이의 연구실 다음이 헬렌의 사무실이었다. 다시 말해서 그녀의 사무실은 머레이의 연구실과 파인만의 연구실 사이에 있었다. 그녀는 물리학과에 그 두 사람만큼이나 오래 있었다. 내가 그녀의 사무실로 가는데 그녀가 누군가에게 말하는 소리가 들렸다.

"그 은행직원한테는 너무 심하셨어요."

"아, 들었소?"

그러자 머레이의 목소리가 들렸다.

"어떻게 안 들을 수가 있겠어요?"

머레이는 헬렌의 사무실에서 나왔다. 그가 고개를 끄덕였고 나도 고개를 끄덕였다. 나는 헬렌을 만나러 안으로 들어갔다.

"두통이 있나 보군요."

내가 약을 달라고 하자 그녀가 말했다.

"당연하죠."

그녀의 말에 나는 그녀를 쳐다보며 물었다.

"무슨 뜻이죠?"

"이렇게 말해도 괜찮은지 모르겠지만, 요즘 별로 좋아 보이지 않더라고요."

"아, 저는 그저… 다음에 무슨 일을 할지 고민하는 것뿐입니다."

"나야 물리학에 대해 아무것도 모르지만, 내가 보기에는 모두가 그 고민을 하는 것 같아요. 아직 포기하지 않은 사람들은 말이에요."

"파인만은 다를 걸요."

"파인만 교수님이요? 글쎄, 그 분도 가뭄 기간이 길었죠. 다들 알고 있는 일이에요. 적어도 여기 있는 사람들은 모두. 하지만 그 분은 늘 재기했어요. 박사님도 틀림없이 그럴 거예요."

헬렌이 약을 주며 덧붙였다.

"설사 안 된다 해도, 다른 할 일을 찾을 수 있을 거예요. 박사님은 젊잖아요."

가망 없는 문제 풀기

파인만은 물리학을 연구하면서 제2차 세계대전 이후 가장 어려운 문제 몇 가지를 풀었다. 그러나 확인해보니, 그 사이사이에 아무런 활동이 없었던 긴 시기가 있었다. 그러나 그는 늘 재기에 성공했다. 머레이가 늘 소립자 물리학 분야에서만 연구했던 반면, 파인만은 저온물리학, 광학, 전기역학 등 여러 영역에서 중요한 기여를 했다. 파인만에게는 풀어볼 만한 적당한 문제를 적당한 시기에 찾아내는 재주가 있는 것 같았다. 그 방법이 무엇일까? 어느 쪽이 더 재능이 필요할까? 적당한 문제를 선택하는 것일까, 아니면 해법을 찾는 것일까? 일단 문제를 정했다면, 그것을 해결하는 데는 무엇이 필요할까? 나는 정말 궁금했다.

자네가 여기에 처음 와서 내가 문제에 어떻게 접근하는지 이야기를 해보자고 했을 때 나는 당황했네. 사실은 나도 모르기 때문이지. 그것은 지네에게 어느 발 다음에 어느 발이 나오냐고 물어보는 것과 비슷한 것 같네. 좀 생각을 해봐야겠어. 돌이켜보면서 몇 가지 문제를 되짚어보아야 하니까.

어떤 경우에는 풀 문제를 찾는 것이 뛰어난 창조적 상상력의 결과일 수도 있지. 그리고 그 문제를 해결하는 데는 같은 기술이 필요하지 않을지도 모르네. 그러나 수학과 물리학에는 상황이 역전되는 문제들도 있네. 문제는 뻔한데 답이 어려운 경우도 있다는 거지. 문제를 인식하는 것은 어렵지 않지만, 알려진 기술이나 방법은 통하지 않고 사람들에게 알려진 정보의 양도 적은 경우일세. 그럴 경우 답은 독창적인 것이 되네.

아인슈타인의 상대성과 중력이론(일반상대성이론)이 아주 좋은 예일세. 상대성에서는 어떻게 해서든지 특수상대성이론, 즉 빛이 일정한 속도 c로 움직인다는 것과 중력현상을 결합시켜야 했네. 그러나 그럴 수가 없었지. 무한속도를 가진 낡은 뉴턴식 중력을 유지하면서 속도를 제한하는 상대성이론을 끌어들일 수는 없었던 걸세. 따라서 어떤 식으로든 중력이론을 수정해야 했네.

중력은 빛이 일정한 속도로 움직인다는 상대성이론에 맞게 수정되어야 했지. 그러나 그것만 가지고는 어떻게 해볼 도리가 없었네. 어떻게 할 수 있겠는가? 난제였지!

아인슈타인에게는 이것은 분명히 해결해야 할 문제였네. 그러나 모두에게 분명했던 것은 아닐세. 다른 사람들에게는 특수상대성이론이 아직 분명하지 않았기 때문이지. 그러나 아인슈타인은 그 지점을 넘어섰네. 그래서 또 다른 문제를 보게 된 것일세. 그에게 문제는 분명했네. 그러나 그것을 푸는 방법, 이것은 최고의 상상력을 요구했지. 그는 원칙들을 만들어내야 했네! 아인슈타인은 물체들이 낙하할 때는 무게가 없다는 사실을 이용했지. 여기에는 아주, 아주 많은 상상력이 필요했네.

또는 내가 지금 풀고 있는 문제를 예로 들어보세. 이 문제는 누구에게나 분명하네. 우리에게는 양자색깔역학이라고 부르는 수학적 이론이 있네. 이 이론은 양성자와 중성자 등의 속성을 설명해준다고 하지. 과거에는 어떤 이론이 맞는지 확인하고 싶으면, 그 이론의 결과를 보고 그것을 실험 결과와 비교해보면 그만이었네. 그러나 이 문제에서 실험은 이미 자기 역할을 다했지. 우리는 양성자의 속성에 대해 많이 알고 있어. 그리고 우리에게는 이론도 있네. 어려운 점은 이것이 새로운 문제라는 걸세. 우리는 이 이론의 결과를 계산할 방법을 모르네. 우리한테 그럴만한 수학적 힘이 없기 때문이야.

문제를 푸는 방법을 만들어내야지. 자, 그것을 어떻게 할 텐가? 반드시 문제를 풀 방법을 창조하거나 만들어야 해. 하지만 나는 그 방법을 모르네. 이 경우에도 문제는 분명하지만 답은 어렵네.

이 이론을 찾아내는 데는 많은 조각의 상상력이 필요했네. 사람들은 패턴을 눈치챘고, 차츰 여러 가지를 발견했고, 결국 쿼크를 발견했지. 그리고 가장 단순한 이론을 찾아내려 했네. 따라서 이 특정한 문제에는 긴 역사가 있어. 여기까지 오는 데는 오랜 시간이 걸렸네. 그런데 이제 이 문제에 부딪혀 코가 깨지게 되었지.

그는 '문제에 부딪혀 코가 깨진다'는 재미있는 표현을 썼다. 나는 파인만이 좌절했다는 이야기를 듣고 위안을 받았다.

이제 나는 이 어려운 문제를 풀고 있네. 사실 지난 몇 년간 이 일을 해왔지. 처음에 나는 이 문제를 풀 수학적인 방법을 찾아보려 했네. 방정식들을 풀어보려 한 거지. 내가 어떻게 했는가? 내가 어떻게 시작했는가? 그것은 아마 이 문제의 어려움에 의해 결정이 되었던 것 같네. 이 경우에는 그냥 모든 시도를 해보았네. 그러는 데 2년이 걸렸지. 이 방법도 써보고 저 방법도 써보았네. 어쩌면 그게 내가 늘 하는 일인지도 모르지. 나는 될 수 있는 대로 여러 가지 시도를 해보네. 그래서 효과가 없으면 다른 방법으로 옮겨가지.

하지만 이 경우에는 모든 시도를 해본 뒤에 결국 문제를 풀 수 없다는 것을 깨달았네. 내 기술이 어느 것도 먹혀들지 않았던 걸세. 그래서 나는 생각했지. 그래, 그게 어떻게 움직이는지 대충 이해한다면,

그것을 통해 어떤 수학적 형식을 사용할지 대강 알 수 있을지도 모른다. 그래서 나는 그것이 대충 어떻게 움직이는지 생각하면서 많은 시간을 보냈네.

여기에는 몇 가지 심리적인 면도 있네. 무엇보다도 내가 나이가 들면서부터는 가장 어려운 문제들만 골랐다는 점이 있지. 나는 가장 어려운 문제들이 좋아. 아무도 풀지 못한 문제들, 따라서 내가 풀 가능성이 그리 높지 않았네. 하지만 이제 나는 자리를 얻었지. 종신직을 얻은 걸세. 따라서 장기 프로젝트를 하느라 시간을 낭비하지 않아도 되네. 1년 안에 학위를 따야 한다는 말을 할 필요도 없지. 신체적으로는 오래 버티지 못할지도 모르지. 하지만 그런 걱정은 하지 않네.

파인만의 방에 가면 그의 병이 늘 함께 있었다. 죽음의 천사가 참을성 있게 그의 시간이 바닥나기를 기다리고 있었던 셈이다.

그 다음의 심리적 측면은, 내가 이 문제에 대하여 유리한 위치에 있다고 생각해야 한다는 것일세. 즉 나한테는 다른 사람들에게는 없는 어떤 재능이 있다고 생각하는 것이지. 문제를 바라보는 어떤 눈 같은 것 말일세. 하지만 다른 사람들은 멍청해서 그 문제를 바라보는 이런 놀라운 방식을 알아채지 못한다는 거야. 나는 내가 다른 사람들보다 어떤 이유에서인지 문제를 풀 가능성이 약간 더 높다고 생각해야만 하네. 나도 마음속에서 그 이유가 엉터리일 가능성이 높다는 것은 알아. 그리고 내가 택하는 방법을 다른 사람들도 생각하고 있을 가능성이 높다는 것도 알아. 하지만 상관없네. 나는 나 자신을 속여서 나에게 가능성이 더 크다고 생각을 하지. 나에게는 기여할 만한 뭔가가 있다고 말이야. 그렇지 않다면 차라리 다른 사람이 풀도록 기다리고 있는 게 낫지. 누가 되었든 말일세.

그러나 나는 절대 다른 사람과 똑같지 않다고 생각하지. 나는 늘 내가 유리하다고, 늘 새로운 방법을 시도한다고 생각해. 그리고 나는 내가 새로운 방법을 시도하니까 그것으로 됐다고 생각하지. 다른 사람들한테는 기회가 없다고 말이야. 이건 과장된 거지. 하지만 나는 이 과장에 맞추어서 나를 몰아붙이네. 나는 이것이 싸우러 나가는 아프리카인들과 비슷하다고 생각해. 북을 쳐서 사기를 돋우는 거야. 이 문제는 나의 방법으로만 다룰 수 있고 다른 사람들은 제대로 할 수가 없다고 스스로에게 말하고 스스로를 설득하네. 다른 사람들이 풀지 못하는 이유는 제대로 하지 못하기 때문이지. 하지만 나는 다른 방법으로 한다는 거야. 나 자신을 그렇게 설득하고, 그래서 의욕을 갖게 되지.

이렇게 하는 이유는, 어려운 문제가 있을 때는 오랫동안 일을 해야 하고 끈질겨야 하기 때문이지. 끈질기려면 이 문제가 열심히 노력할 가치가 있다고, 이 문제에서 뭔가 성과를 거둘 것이라고 확신해야만 하네. 그렇게 하려면 어느 정도 자신을 속일 수밖에 없지.

지금 풀고 있는 이 문제에서 나는 나 자신을 속였네. 하지만 어떤 성과도 없었어. 나도 내 접근방법이 아주 좋았다고는 말하지 못하겠네. 내 상상력이 제대로 발휘되지 않았어. 나는 질적으로는 그게 어떻게 돌아가는 건지 파악했네. 하지만 양적으로는 파악하지 못했어. 문제가 마침내 해결된다면, 그것은 모두 상상력 덕분일 거야. 문제가 풀리면 그것을 해결한 위대한 방법을 두고 법석을 떨겠지. 하지만 간단한 거야. 모두 상상력과 끈기에 의해 이루어진 것이지.

물리학을 해보지 않은 사람들은 딱딱하다, 정확하다, 정밀하다 등의 말로 물리학을 묘사한다. 그러나 실생활의 물리학은 그렇지 않다. 진짜 법률가들의 일이 법대의 이론적 논쟁과 거리가 멀고, 병원 일이 생리학이나 병에 대한 이론과 거리가 먼 것과 마찬가지이다. 법은 분명한 규칙들로 이루어져 있을지 모르지만, 그것을 적용하다 보면 해석, 불완전한 지식, 실제적인 고려, 판단하는 사람들의 심리가 개입하게 된다. 의학 교과서에는 병의 증상들이 자세히 나와 있을지 모르지만, 의사를 찾는 환자들이 자신의 병을 교과서에 나온 대로 설명하지는 않을 것이다. 의사는 경험을 통해 병에 대해 판단하는 법을 배운다.

물리학 역시 하나의 기술이다. 진짜 물리학 문제들은 엄격한 의미에서 푼다고 말할 수 없다. 물리학자에게 문제를 푸는 것은 현상의 어떤 면들이 그 본질이고 어떤 면들은 무시할 수 있는지, 수학의 어떤 부분에는 충실하고 어떤 부분은 바꿀 것인지를 판단하는 것이다.

예를 들어 수소원자는 하나의 양성자와 그 궤도를 도는 하나의 전자로 이루어져 있다. 이것은 양자방정식을 정확하게 풀 수 있는 1백여 가지 유형의 원자들 가운데 하나일 뿐이다. 만일 수소원자를 자기장 안에 둔다든가 하는 간단한 일을 할 경우, 자기장을 포함하기 위해 바뀐 방정식은 풀 수가 없다.

수소원자가 자기장에서 방출하는 빛을 발견하는 문제를 예로 들어보자. 일단 단순화를 해야 한다. 자기장을 핵심이라고 보고, 양성자를 포함하는 수학적 항들을 버릴 수도 있다. 아니면 양성자의 영향이 지배적이라고 보고 자기장을 표현하는 항들을 버릴 수도 있다. 또는 내가 박사논문을 쓸 때 했던 것과 같이 세상에 무한의 차원이 있는 것처럼 방정식을 고쳐 쓸 수도 있다. 물리학 연구 문제를 풀기 위해서는 가정에 가정을 되풀이하고, 어림에 어림을 되풀이해야 한다. 이러한 상상력의 커다란 도약들을 사람들은 상자 바깥에서 생각한다고 부른다. 여기에는 앞으로 나가는 능력, 직관을 따르는 능력, 자신이 하는 일을 스스로 완전히 이해하지 못한다는 것을 인정하는 능력 등이 필요하다. 그리고 무엇보다도 자신을 믿어야 한다.

양자색깔역학을 푸는 파인만의 접근방법은 이론을 단순화된 형태로 적는 것이었다. 그리고 그러한 가정하에서 이론의 속성들이 무엇인지 보는 것이었다. 파인만이 이 문제를 푸는 방식은 이

전의 그의 유명한 작업들 가운데 하나를 생각나게 했다. 그의 '액체헬륨이론'이다. 문제는 이 액체의 매우 괴상한 속성들을 이론적으로 설명하는 것이었다. 예를 들어 이 액체는 끓지 않는다. 비커에 넣으면 벽을 타고 기어올라 밖으로 흘러나오는 바람에 비커는 텅 비어버린다. 파인만은 물리학자들이 이 문제를 직접 풀려고 하다가 좌절하는 것을 보고, 특유의 바빌로니아인 방식으로 접근했다. 가장 좋은 방법은 '더 단순한 체계들로 유추해보고, 그림을 그리고, 그럴 듯한 추측을 하는 것'이라고 판단한 것이다. 이것이 파인만의 트레이드마크였다. 막강한 수학이 아니라 물리학적 이해와 결합된 막강한 상상력. 그는 1950년대 중반에 일련의 유명한 논문들을 통해 헬륨 문제를 풀었다. 그는 이번에도 그 성공을 되풀이하기를 바라는 것이 분명했다.

파인만은 결국 양자색깔역학의 문제를 해결하지 못하고 죽었다. 우리가 그 이야기를 하고 나서 20년이 넘게 흘렀지만 다른 사람 역시 그 문제를 풀지 못했다. 오늘날 그 이론으로부터 새로운 계산 결과들이 나오기는 하지만, 그것은 그 이론의 수학적 해법에 대한 더 깊은 이해에서 나오는 것이 아니라, 계속 훨씬 더 강력한 컴퓨터를 사용하기 때문에 나오는 것일 뿐이다.

≈

나는 계속 문제를 찾으면서, 파인만이 말한 유리한 위치에 대해 생각해보았다. 나의 강점은 무엇인가? 나는 늘 다른 학생들보다 수학적인 경향이 강했으며 반항적인 유형에 속했다. 게다가 천성적으로 통념과 반대되는 쪽에 마음이 끌렸다. 내 연구실이 있는 층의 교수들은 대부분 파인만과 마찬가지로 양자색깔역학의 문제들을 해결하는 더 나은 방법을 찾고 있었다. 이 탐구는 당대에 가장 중요한 과제 가운데 하나로 꼽히고 있었으며, 주로 일반적인 수학과 관련이 있었다. 그러나 매우 이색적인 수학으로 연구를 하여 주류에서 완전히 벗어난 교수도 한 사람 있었으니 바로 존 슈워츠가 그였다.

자연에는 네 가지 알려진 힘이 있다. 전자기력, 중력, 강한 힘, 원자핵 속에서 그 짝을 이루는 약한 힘이다. 물리학자들은 이들 힘 각각이 일으키는 상호작용을 묘사하는 이론을 제시한다. 양자전기역학을 일반화한 양자약전자기이론(quantum electroweak theory)은 전자기와 약한 힘 양쪽을, 일반상대성은 양자이론은 아니지만 중력을 묘사한다. 양자색깔역학은 강한 힘을 묘사한다.

모든 자연현상을 근본적인 물리학 법칙으로 설명할 수 있다는 믿음을 환원주의라고 부른다. 물리학에서 환원주의에 대한 믿음은 널리 퍼져 있으며, 머레이와 같은 그리스인과 파인만 같은 바빌로니아인들의 '노선' 차이를 넘어선다. 이 말은 대부분의 물리학자들이 아기가 태어나는 것에서부터 은하가 태어나는 것에 이르기까지 우주에서 일어나는 모든 일은 네 가지 근본적인 힘 가운데 하나 이상이 작용한 결과물이라고 믿는다는 뜻이다. 대부분의 물리학자들이 이런 관점을 가지고 있다고 할 때, 네 가지 힘에 대한 이론을 발전시키는 것은 이론물리학자가 수행할 수 있는 가장 중요한 과제가 된다. 슈워츠는 이 모든 이론을 포괄하는 단일이론을 연구하고 있었다. 그의 새로운 이론이 탄생하여 옳은 것으로 인정받는다면, 물리학자들은 모든 이론을 고쳐 써야 할 터이고, 모든 것을 포괄하는 단 하나의 이론이 그 모두를 대신하게 될 터였다.

네 가지 힘이 서로 얼마나 다른지 생각해본다면, 그 모두를 묘사하는 단일이론은 무리한 목표라는 생각이 들 수도 있다. 예를 들어 전자기력은 끌어당기거나 밀어낼 수 있지만, 중력은 늘 끌어당기기만 한다. 거리가 짧아지면 강한 힘은 약해지는 반면, 중력과 전자기력은 강해진다.

그리고 이 힘들의 강도는 상상할 수 없을 정도로 차이가 크다. 강한 힘은 전자기력보다 1백 배쯤 강하며, 전자기력은 약한 힘보다 1천 배가 강하다. 또 약한 힘은 중력보다 헤아릴 수 없을 정도로 강하다. 네 힘은 우리 생활에서 또 우주에서 각기 다른 역할을 한다. 물론 중력은 우리를 땅에서 떨어지지 않게 하며, 밀물과 썰

물을 일으킨다. 그러나 자연에서 중력이 하는 역할들은 그 규모가 우주적이다. 중력으로 인해 행성들이 만들어져 별들의 궤도를 돌며, 별 속의 핵 용광로가 가동되어 빛과 열이 나오고, 이것이 생명 탄생의 조건이 된다. 행성들이 나타나기 오래 전에 그 중심에 있는 별이 합체한 것도 중력의 쥐어짜는 힘 때문이었다.

전자기력은 주로 원자의 규모에서만 우리에게 의미가 있다. 예를 들어 원자와 분자들 사이의 전자기력 때문에 물체가 보이며, 산소가 적혈구에 붙어 있으며, 우리가 벽에 몸을 기댈 때 손이 벽을 통과하지 않는다. 이 힘 덕분에 물질이 현재 우리가 아는 속성들을 가지고 있다. 그리고 20세기에 들어서는 이 힘을 이용하여 전등에서 전화, 라디오, 텔레비전 그리고 컴퓨터에 이르기까지 현대의 편리한 물건들 대부분을 만들어내게 되었다. 나머지 두 힘인 강한 힘과 약한 힘은 전자기력의 원자세계보다도 훨씬 더 작은 규모로 존재하는 세계를 관장한다. 즉 핵 내부의 세계다. 약한 힘은 베타 붕괴라고 부르는 핵의 방사성 감쇠를 관장한다. 강한 힘은 원자력을 책임진다. 히로시마를 파괴한 것은 우라늄 3분의 1 온스도 안 되는 양에 들어 있는 핵에서 풀려난 이 힘의 위력이었다.

이런 힘들을 어떻게 단일이론으로 묘사할 수 있을까? 이 점에 대해 역사는 교훈을 제시한다. 어떤 면에서는 자연에 다섯 개의 힘이 있다고 할 수 있다. 그러나 우리는 보통 네 개의 힘만 이야기하는데, 그것은 오래 전에 힘 사이의 첫 번째 통일이 이루어졌기 때문이다. 그것은 전기이론과 자기이론의 통일이었다. 이것이 말하자면 현재의 탐구의 전사(前史)라고 할 만하다. 그 이야기는 이렇다.

아주 오래 전 옛날(기원전 6세기) 머나먼 땅(고대 그리스)에서 탈레스라는 이름의 지혜로운 철학자가 가장 단순한 전자기 현상인 자력과 정전기를 연구했다. 그 이후로 19세기에 이르기까지 인류는 전기와 자기에 대해 더 많은 것을 알게 되었지만, 이들이 별도의 두 범주의 현상이 아니라고 말해주는 것은 아무것도 없었다. 전기와 자기는 중력과 더불어 자연의 세 가지 힘을 이루었다. 그러다가 1820년쯤 유럽에서 몇 명의 과학자들이 각기 전류가 흐르는 선에 신비한 자기적 속성이 있다는 사실을 발견했다. 이것은 전기와 자기라는 두 힘이 관련이 있다는 강한 증거였으나, 아무도 어떤 관련이 있는지 알지는 못했다.

이후 수십 년 동안 사람들은 자신들이 목격한 효과를 묘사하기 위해 이런저런 가설을 이야기했지만, 모두 경험적 법칙들을 뒤섞어놓은 것들일 뿐이었다. 그러다가 1865년 키가 간신히 160센티미터에 이르는 스코틀랜드의 물리학자 제임스 클러크 맥스웰(James Clerk Maxwell)이 이 뒤섞인 법칙들을 이용하여 놀라운 일군의 방정식을 내놓았다. 불과 몇 줄밖에 안 되는 이 방정식들은 전기력과 자기력이 전하와 전류로부터, 그리고 이것이 무엇보다 중요한 것인데, 상호간의 작용으로부터 발생한다는 사실을 세상에 보여주었다. 이렇게 해서 맥스웰은 기존의 세 가지 힘 가운데 두 가지인 전기력과 자기력을 통일한 이론을 만들어냈으며, 그래서 우리는 오늘날 이 힘을 전자기력이라고 부른다.

역사는 또 맥스웰의 통일이 이론적인 아름다움을 보여주는 작업에 그치는 것이 아님을 보여주었다. 물리학자들이 그 의미를 연구하면서 혁명적인 새로운 결과들이 드러나기 시작했다. 예를 들어 맥스웰 방정식은 가속화된 충전이 전자기장에 파동을 만들어낼 수 있다는 것을 보여주었다. 이 파동은 늘 똑같은 속도로 움직였다. 맥스웰의 계산은 이것이 빛의 속도임을 보여주었다. 아인슈타인은 여기에서 특수상대성이론의 영감을 얻었다.

맥스웰이 빛은 전자기 현상이라는 사실을 발견하자 다른 종류의 전자기파도 존재할 수 있다는 사실이 분명해졌다. 독일의 실험주의자 하인리히 루돌프 헤르츠는 처음으로 전파를 만들어냈으며, 결국 여기에서 라디오, 텔레비전, 레이더, 위성 통신, 엑스레이 기계, 전자레인지 등과 같은 기술의 발명이 나왔다. 파인만은 『파인만의 물리학 강의』에서 이렇게 말했다. "…19세기의 가장 의미심장한 사건은 맥스웰의 전자기 법칙의 발견이라고 이야기할 수 있다."

물리학자들은 자연의 모든 힘들을 설명하는 단일이론을 통일장이론(unified field theory)이라고 부른다. 여기서 잠깐 이 말의 의미를 생각해보는 것이 좋겠다. 하나의 이론이 통일이론이 되기 위해서는 개별적인 힘들의 묘사를 넘어서서 힘들 간의 관계를 묘사해야 한다. 맥스웰은 전기력이 자기력을 만들 수 있고 또 그 역도 성립한다는 것을 보여줌으로써 그 일을 해냈다.

그러나 통일장이론을 찾으려는 물리학자들에게는 이보다 훨씬 더 많은 것이 요구된다. 그들은 자연의 모든 힘들이 좀 더 근본적인 단일한 힘, 즉 밑바닥에 놓여 있는 원리로부터 생긴다는 것을 보여주고 싶어 하기 때문이다. 이런 원리가 자연에 실제로 존재한다는(또는 존재하지 않는다는) 실험적 증거는 거의 찾아볼 수 없지만, 어쨌든 그들은 그러한 이론을 찾는다. 미학적 감각 때문인지도 모르고, 어딘가에 자연의 모든 법칙을 해명하는 하나의 열쇠가 있다는 믿음 때문인지도 모른다. 그런 통일이론이 생긴다면 그리스식 물리학이 궁극적인 승리를 거두게 될 것이다. 아인슈타인은 평생의 대부분 시간을 그런 이론을 찾는 데 썼다. 그는 상대성이론을 제시한 뒤부터는 실재적인 문제들에 초점을 맞추는 주류 물리학자들로부터 점차 멀어져갔다.

통일장이론은 수학적 아름다움과 새로운 현상들을 발견할 가능성 외에도 우리가 존재하는 이유와 관련된 근본적인 질문들에 대한 답을 약속한다. 우리가 아는 우주가 존재하는 것은 자연의 네 가지 힘, 그들의 상대적 강도와 다양한 속성들이 균형을 이루고 있기 때문이다.

예를 들어 중력이 강한 힘보다 훨씬 약하지 않다고 생각해보라. 별은 훨씬 더 압착이 되어 핵연료는 빠른 속도로 타버릴 것이고, 생명의 진화는 이루어지지 않을 것이다. 반대로 중력이 훨씬 더 약하다면, 전자기적인 반발력 때문에 물질이 하나의 별로 합체되지 않을 것이다. 만일 강한 힘이 전자기력보다 훨씬 강하지 않다면, 대부분의 원자핵은 해체되어버릴 것이다. 물질 속의 전자와 양성자들의 숫자가 1퍼센트라도 균형이 맞지 않으면, 나와 1미터 떨어진 사람 사이의 전자기력이 지구의 무게보다 더 클 것이다. 자연의 힘들은 서로 다르지만 섬세하게 균형을 맞추고 있다. 왜일까? 이 답을 찾으려면 개별적인 힘들을 묘사하는 각각의 이론들로는 부족하다. 오직 모든 힘을 포괄하는 하나의 이론만이 존재에 대한 이 근본적인 질문에 답을 해줄 수 있다.

아인슈타인이 통일장이론을 찾기 시작했을 때만 해도 매우 불리한 위치에 있었다. 강한 힘과 약한 힘이 아직 발견되지 않은 상태였기 때문이다. 그러나 1981년에는 전자기력과 약한 힘이 단일이론으로 통일되어 있었으며, 물리학자들은 강한 힘을 포함하는 방법에 대해 여러 가지 구상을 내놓기 시작했다. 통일이론을 향한 진전이 이루어지면서 목표가 곧 달성될 것처럼 보였다. 아인슈타인의 탐구는 그의 사후 30년이 되어 새롭게 인기를 얻게 되었다. 물리학자들은 '모든 것에 대한 이론'이라는 용어를 사용하기 시작했다. 모두 가장 큰 장애는 중력이라고 입을 모았다. 물리학자들은 통일이론에 중력을 포함할 방법을 몰랐을 뿐 아니라 중력이라는 개별적인 힘에 대한 양자이론조차 아직 존재하지 않는 상태였다. 물론 존 슈워츠의 이야기를 믿는다면 사정이 달라질 수 있었다. 슈워츠는 자신의 이론이 단일한 양자이론 내에 중력을 포함한 모든 힘들을 통일할 수 있다고 주장했다.

슈워츠가 몰두했던 이론을 '끈이론'이라고 불렀다. 끈이론의 끈들은 일반적인 끈, 즉 집에 가는 길에 우유 사는 것을 잊지 않기 위해 손가락에 감아두는 가느다란 직물로 만든 끈과는 거의 관계가 없다. 물리학자들의 끈은 1970년에 일본의 물리학자 요이치로 난부(Yoichiro Nambu)와 미국의 물리학자 레너드 서스킨드(Leonard Susskind)가 처음으로 제시했다. 그 핵심적인 내용은 점 입자로 보이는 것이 사실은 진동하는 작은 끈이라는 것이다.

이런 이상한 생각이 어디에 쓸모가 있을까? 처음에는 실험물리학자들이 계속 새로운 입자를 발견함으로써 생긴 오래된 문제를 이 아이디어가 풀어줄 것처럼 보였다. 머레이는 쿼크라는 개념을 이용하여 적은 수의 입자들을 가지고 많은 수의 입자들의 존재를 설명할 수 있었지만, 쿼크의 숫자는 그가 처음에 제시한 이후로 크게 증가했다. 따라서 끈이론의 첫 번째 매력은 머레이가 쿼크를 제시하기 전인 1950년대에 관여했던 하나의 구상과 밀접한 관련이 있었다. 즉 이 모든 입자들은 어쩌면 똑같은 것의 다른 형태들일지도 모른나는 아이디어였다.

끈이론에는 모든 힘들을 포괄하는 하나이자 유일한 이론이 있고, 동시에 하나이자 유일한 근본적 입자, 즉 끈이 있다. 그 속성들은 끈의 진동 양식에 달려 있다. 바이올린 줄에서 나오는 소리가 진동양식에 의해 결정되는 것과 마찬가지이다. 끈의 경우에는 진동 상태에 따라 소리가 달라지는 것이 아니라 입자의 표현방식이 달라진다. 따라서 이 하나뿐인 실체인 끈은 자연의 광범위한 입자들을 설명하며, 그 입자들이 반응을 보이는 힘들을 설명한다.

끈이론의 수학적 형태로부터 이것이 모든 힘, 심지어 중력까지 포괄하는 통일장이론이 될 가능성이 있다는 강력한 조짐들이 나타났다. 슈워츠 같은 사람들에게는 이것이 기적으로 보였다. 그러나 이런 것들은 이 이론의 일반적 특성들일 뿐, 실험실에서 검증할 수 있는 예측들은 아니었다. 따라서 가장 중요한 문제는 여전히 남아 있었다. 끈이론은 옳은가?

이것을 쉽게 확인할 수 있다고 생각할지도 모르겠다. 입자를 자세히 들여다보라. 그 안에서 작은 끈이 춤을 추고 있는가? 그러나 소립자들은 워낙 작아 그런 미세한 구조를 파악할 수 없다. 멀리서 보면 코에 있는 바이올린 모양의 사마귀도 어머니의 주장대로 아주 작은 미인 점으로 보이는 것과 같은 이치이다. 그러나 입자들이 실제로 끈으로 이루어져 있는지 아닌지를 직접 확인할 수 없다고 해서 이런 가정을 기초로 수립된 이론의 의미가 사라지는 것은 아니다.

예를 들어 당신이 먼 거리에서 나의 삶을 바라본다고 해보자. 즉 친구가 아니라 동료로서 나와 한정된 상호작용만 한다고 해보자. 당신은 내가 똑똑하고, 칼텍에서 좋은 자리도 차지했다고 생각할지 모른다. 즉 내가 성공을 거둔 자신만만한 사나이로 보일지도 모른다는 것이다. 그러나 좀 더 깊이 파고들었을 때 나는 어떤 사람인가? 우리 관계를 고려할 때, 어쩌면 당신은 이것을 직접 확인할 수 없을지도 모른다. 따라서 당신은 생각해볼지도 모른다. 내가 집에서 제인 오스틴의 소설을 읽고, 조용히 정원을 돌보고, 바이올린을 켜는 사람일까? 아니면 마티니를 마셔대며 내 이웃인 쓰레기 청소부가 총으로 자살하는 것을 말리려고 애쓰는 사람일까? 분명히 두 이론의 레너드 가운데 어느 쪽이 맞는지 검증할 만한 상황이 있을 것이며, 당신은 그런 상황 속의 나를 관찰함으로써 어느 쪽이 진실에 가까운지 추론할 수 있을 것이다.

끈도 마찬가지이다. 우리가 비록 입자들이 끈으로 이루어졌는지 아닌지 직접 확인할 수 있을 만큼 자연과 가깝지는 않다고 해도, 끈이론 옹호자와 반대자가 예측하는 관찰 가능한 결과들이 갈등을 일으키는 상황을 만들어낼 수는 있지 않을까? 그런 실험을 제시하는 것이야말로 끈이론가들의 최대의 희망이었다. 그러나 안타깝게도 아무도 그런 실험을 제시할 수 없었다. 이 이론은 수학적으로 너무 복잡했다.

끈이론가들은 검증 가능한 예측들을 내놓지 못하게 되자 그들의 이론을 위한 새로운 단기 목표를 제시했다. 여기에는 후측(postdiction, 後測)이라는 이름이 붙었다. 이 방법에서는 끈이론이 어떤 새로운 현상을 예측하기보다는 이미 알려져 있지만 이해가 되지 않던 일을 설명하게 된다. 예를 들어 우리는 쿼크의 질량이나 전자의 전하 같은 근본적인 물리적 양들의 값을 많이 알지만, 왜 그런 값이 생기는지에 대해서는 알지 못한다. 끈이론에는 이런 상황을 바꿀 잠재력이 있다. 이 이론은 무에서부터 이런 숫자들을 찾아내겠다고 약속한다. 그러나 이 일에 성공한 사람 역시 아무도 없었다.

1970년대에는 끈이론의 약속 가운데 실현된 것이 거의 없었다. 그러다가 어떤 모순들이 발견되었다. 존 슈워츠를 포함한 모든 사람이 이런 모순들을 제거하려면 또 한 번의 수학적 기적이 일어나야 할 것이라고 생각했다. 슈워츠와 소수의 협력자들은 끈이론이 정확하다고 굳게 믿었기 때문에 그 기적을 찾기 시작했다. 그들에게는 그들이 이미 밝혀낸 수학적 구조, 예를 들어 중력을 포함하겠다는 약속이 이미 수학적 기적이었다. 이제 그들은 끈이론을 통해 다음 기적으로 나아가려 하고 있었다. 그러나 다른 사람들은 모두 이 이론을 버렸다.

슈워츠가 제거하지 못했던 끈이론의 한 가지 문제는 차원의 문제였다. 끈이론은 3개의 공간 차원들만 있는 곳에서는 수학적으로 일관성이 없었다. 끈이론의 끈에는 길이, 넓이, 높이가 있었지만, 현실세계에는 존재하지 않는 것처럼 보이는 6개의 추가 차원으로의 확장이 필요했다. 나의 무한차원이라는 방법론처럼 나쁘지는 않았지만, 이런 추가의 차원들은 수학적인 어림 방법에서 나온 인공물이 아니었다. 끈이론에 따르면, 추가의 차원들은 현실적이어야 했다. 끈이론가들은 추가의 6개 차원이 끈들처럼 그 크기가 아주 작아 눈에 띄지 않으며, 사실상 찾아내기가 불가능하다는 가설에 그들의 이론을 수학적으로 맞춤으로써 이 문제를 해결했다.

마치 우리는 2차원 세계에 살고 있는데, 즉 지구 표면에만 한정되어 있는데, 갑자기 물리학자가 나타나 "이봐, 위아래라는 추가의 차원이 존재해" 하면서 우리는 한 번도 보지 못했던 차원을 제시하는 것 같았다. 그러면 사람들은 이렇게 물을 것이다. 그런 뻔한 것을 왜 우리가 여태까지 알아채지 못했는가? 만일 '위와 아래'라는 새로운 차원이 실제로 존재한다면, 나는 공중으로 뛸 수도 있어야 하고, 공을 위로 던질 수도 있어야 한다. 그러면 물리학자는 이렇게 대답한다. 위로 뛸 수는 있다. 그러나 이 차원은 아주 작아서, 위로 뛴다 해도 밀리미터의 수억 분의 1만큼만 위로 올라갈 뿐이다. 너무 작아서 땅에서 발이 떨어졌다는 것조차도 알아채지 못할 것이다.

추가의 차원들이 존재해야 한다는 끈이론의 요구는 소수의 사람들에게 기다란 발견이었다. 플랑크의 양자원리의 발견이나 공간과 시간이 얽혀 있다는 아인슈타인의 발견에 비길 만한 것이었다. 이 소수에게 끈이론은 흥미진진한 도전이었다. 그들은 추가의 차원들의 간접적이지만 측정 가능한 결과를 찾아내는 일을 했다. 물론 그러는 동안에도 이 이론의 다른 모순들을 제거하는 일은 계속했다. 그러나 심지어 칼텍에서도 대부분의 물리학자들은 슈워츠가 마치 모두 네바다로 가서 외계인들을 조사하는 비밀팀에 합류하자고 제안한 것과 같은 반응을 보였다.

콘스탄틴도 그런 사람들 가운데 하나였다. 내가 찾아갔을 때 그는 책상에 앉아 있었다. 그의 연구실은 오지와 같은 곳이었기 때문에 창문이 없었다. 머리 위의 형광등에서는 윙윙거리는 소리가 났는데 하루 종일 그 소리를 듣고 있으면 몹시 우울해질 것 같았다. 당시에 나는 일을 하고 있을 때가 아니면, 아주 많이 우울했는데 콘스탄틴은 어떤 것에도 우울해 하지 않는 것 같았다. 그러나 피곤해 보였다.

"새벽 4시에 잤어. 살기 힘드네."

그가 말했다. 그러나 그의 손짓과 표정을 보면 사는 것이 전혀 힘들지 않은 것 같았다. 그는 전날 밤에 미국인 여자친구와 데이트를 즐겼다. 메그라는 이름의 눈부신 금발 여배우였다.

나는 콘스탄틴과 메그가 부러웠다. 콘스탄틴은 지중해 스타일의 미남이었다. 몸집은 작았지만 조각처럼 생겼으며, 매력적인 눈에 미소가 그만이었다. 그는 늘 햇볕에 그을린 모습이었고 20대임에도 불구하고 적당히 세련되어 보이기도 했다. 담배를 피우는 모습은 담배 광고 속의 섹시한 남자 같았다. 가끔 나는 속으로 20년 후에 머리가 백발이 되고 얼굴은 쭈글쭈글하며 어깨가 구부정한 그를 만나는 공상을 해보곤 했다. 내 공상 속에서 나는 하나도 변하지 않았다. 나는 콘스탄틴에게 존 슈워츠와 이야기를 해볼 생각이라고 말했다.

"왜?"

"그 분이 좋은 스승이 될 수 있을지도 모른다는 생각이 들어서."

콘스탄틴은 웃음을 터뜨렸다.

"스승? 그 사람은 자기 스승 노릇도 못해."

"학생들한테는 인기가 있는 것 같은데."

"이봐. 그 사람은 여기에서 9년이나 일했는데 아직도 종신교수직을 못 받았어. 아직 교수도 아니야. 그냥 자네나 나 같은 연구원이란 말이야."

그는 다시 그리스인(어쩌면 이탈리아인일지도 모르겠다) 특유의 몸짓을 했다. 식당 종업원에게 다 먹었으니 접시를 가져가도 좋다고 표시할 때와 비슷한 손동작이었다.

"글쎄, 이곳에 9년이나 있을 수 있었다는 것은 누군가가 후원한다는 이야기가 아니겠어? 어딘가에 연줄이 있겠지."

내가 말했다. 콘스탄틴은 담배를 빨더니, 천장을 향해 연기를 내뿜고는 웃음을 시어 보였다.

"그 사람은 노새야. 열심히 가르치고, 많은 학생들을 떠맡지. 파인만 같은 사람들이 편하게 연구할 수 있도록 대신 일을 해주는 거라고."

"글쎄, 그렇게 짐이 많으면 함께 일할 사람을 고맙게 생각할지도 모르잖아."

"그 사람은 틀림없이 자기 일에 대해 모든 것을 기꺼이 가르쳐줄 거야. 사실 달리 관심을 가지는 사람도 없으니까 말이야."

"지지 발언 고맙네, 콘스탄틴."

나는 그의 연구실을 나왔다.

"왜? 내가 뭐 나쁜 말이라도 했나?"

그는 내 등에 대고 물었다.

슈워츠의 연구실은 모퉁이를 돌면 나왔다. 문은 열려 있었다. 40대로 보였는데 아주 깔끔했다. 그는 책상에 앉아 프리프린트를 읽고 있었다. 물리학자들은 연구논문을 위한 원고를 그렇게 불렀다. 정기간행물에 실제로 논문이 실리는 데는 상당한 시간이 걸렸으므로, 최근에 나온 작업들은 대부분 이런 프리프린트 형태로 배포되고 읽혔다. 요즘에는 웹에서 다운로드받을 수 있다. 그는 나를 쳐다보았다.

"네?"

내가 내 소개를 하자 그는 웃음을 지었다.

"네, 나도 새로 오셨다는 이야기는 들었습니다."

"여기 계신 모든 분을 사귀어볼 생각입니다. 그 분들이 하는 일에 관심이 있어서요."

"저는 끈이론을 연구합니다."

그는 마치 집안일을 이야기하듯이 쉽게 말했다.

"혹시 연구에 대해 설명을 좀 해주실 수 있으신가 해서요."

"지금은 시간이 없어서."

"그럼 나중에 하죠. 언제가 좋습니까?"

그는 일어서더니 책꽂이로 걸어가 논문 대여섯 편의 프리프린트와 리프린트를 모았다.

"자, 이걸 읽어 보십시오."

그는 나에게 자료를 건네더니 내가 그 자리에 없는 것처럼 자기 일로 돌아갔다. 그는 나에게 해줄 말은 이미 다한 것 같았다. 심지어 눈을 마주치는 시간도 아끼는 것처럼 보였다.

나는 연구실로 돌아와 마음의 상처를 다독거렸다. 콘스탄틴이 들리더니 슈워츠의 최신 제자가 되는 데 성공했냐고 조금 지나치게 명랑한 목소리로 물었다. 나는 가운뎃손가락을 들어올렸다. 그리스나 이탈리아에서는 사용하지 않는 손짓이었다. 그래도 그는 무슨 뜻인지 알아들었다. 내 책상 위에 놓인 논문들이 그로부터 몇 년 후 20세기 이론물리학의 돌파구를 연 가장 유망한 업적 가운데 하나로 전 세계에서 숭배를 받게 될 것이라는 사실을 그때는 우리 둘 다 몰랐다.

≈

슈워츠가 준 논문들은 이해하기가 매우 어려웠지만 집중은 할 수 있었다. 나는 슈워츠와 그의 이론에 대한 수상쩍은 평판, 그리고 교수진 사이에 협력자가 없다는 사실에도 불구하고, 그의 밑에서 일하는 대학원생이 네댓 명 된다는 것을 알게 되었다. 이것은 물리학과의 어느 교수보다도 많은 숫자였다. 나는 의문이 생기면 그 학생들 두어 명과 이야기를 나누었다. 그들은 유능해 보였을 뿐만 아니라 정신상태도 건강해 보였다. 그들이라고 99.9퍼센트의 물리학 '전문가'들이 그들을 모두 미치광이로 본다는 사실을 몰랐을까?

나머지 교수들은 왜 그렇게 많은 학생들이 그처럼 '길을 잃고 헤매는' 것을 방관했을까? 나는 누군가 슈워츠를 지원하는 것이 틀림없다고 생각했다. 혹시 파인만일까?

토요일이었다. 캠퍼스는 동틀녘의 도시처럼 고요했다. 그러나 시간은 이미 정오를 넘겼고, 나는 아침을 먹어야 했다. 문제는 대부분의 학생들이 캠퍼스에 살고 있었음에도 주말이면 그리시와 아테네 신전 모두 문을 닫는 데 있었다. 나는 학생들이 어딘가에서 식사를 할 것이라고 생각하고, 도로변의 식당을 찾거나 안 되면 자판기라도 찾겠다는 심정으로 밖을 향해 걸음을 옮겼다. 멀리 떨어지지 않은 곳에서 파인만이 걸어가는 모습이 눈에 띄었다. 그가 왜 그곳에 있는지는 알 수가 없었지만, 나는 그와 우연히 만날 수 있는 기회를 놓치고 싶지 않았다.

"무슨 발견 좀 했나?"

그가 물었다.

"지금은 먹을 걸 좀 발견하려고 하는 중입니다. 어디 가면 식사할 수 있을지 아세요?"

"어디인지는 알지. 문제는 언제냐일세. 주말이면 캠퍼스에는 문을 여는 곳이 거의 없거든."

우리는 아테네 신전 쪽으로 방향을 잡았다. 그곳에서 무슨 일이 있는 것 같았다. 우리는 잠시 입을 다물었다.

"궁금한 게 있습니다."

마침내 내가 입을 열었다.

"다른 사람들이 모두 말도 안 된다고 생각하는 이론을 붙들고 있는 게 현명할까요?"

"한 가지 조건만 맞는다면."

"그게 뭐죠?"

"나 자신이 그게 말도 안 된다고 생각하지 않는 것."

"그렇게 자신 있게 말할 수는 없겠는데요."

그는 껄껄 웃었다.

"자신 있게 말할 수 있다면 그 연구를 안 할지도 모르지."

"그러니까 제가 너무 멍청해서 뭘 모른다는 말씀인가요?"

"꼭 그런 건 아니야. 어쩌면 자네는 아는 게 부족하거나 오랫동안 알지 못했기 때문에 아는 것에 의해 망쳐지지 않은 것인지도 모르지. 너무 많은 교육은 문제를 일으키거든."

사실 물리학에서 가장 위대한 발견들 다수는 대략 내 나이 또래의 '아이들'이 해냈다. 내 나이에 뉴턴은 미적분을 발명했고, 아인슈타인은 상대성을 발견했으며, 파인만은 다이어그램 기법을 개발했다. 나이든 물리학자들 역시 많은 진전을 이루어냈지만, 가장 혁명적인 도약은 젊은 사람들 몫인 것 같았다. 대학원생들은 수학적이고 이론적인 물리학을 하기 위한 두뇌의 힘이라는 면에서는 자신이 절정에 이르렀다고 생각하고 있었다.

그러나 파인만은 다르게 보고 있었다. 우리가 내리막길에 들어서는 것은 정신적인 쇠퇴 때문이 아니라 일종의 세뇌 때문이라고 생각하는 것 같았다. 그래서 책이나 연구논문에서 새로운 것을 배우려 하지 않는 것인지도 몰랐다. 그는 늘 새로운 결과들을 자기 방식으로 이해해서 직접 도출해내는 것으로 유명했다. 그에게 젊음을 유지한다는 것은 초심자의 눈을 유지한다는 뜻이었다. 실제로 그런 면에서는 분명히 성공을 거둔 셈이었다.

"이보게."

파인만이 말했다.

"먹을 걸 발견했네."

아테네 신전 뜰에는 커다란 뷔페 상이 차려져 있었다. 결혼 피

로연이 열리는 것 같았다. 우리는 발을 멈추고 우아한 드레스, 양복, 타이 차림의 군중을 물끄러미 바라보았다.

"그러네요. 하지만 안타깝게도 초대를 받지 못했군요."

"자네는 에티켓의 전문가로군."

"무슨 말씀이죠?"

"그러니까 초대를 받지 않았으면 환영도 받지 못한다는 건가?"

나는 어깨를 으쓱했다.

"보통은 그렇게 생각합니다만."

"그럼 별로 배가 고프지 않은 모양이로군."

나는 잠시 그의 말을 생각해 보았다.

"글쎄요. 우리 옷차림도 좀 그렇고."

그는 흰 셔츠에 슬랙스 바지 차림이었고 나는 반바지에 티셔츠 차림이었다.

"물론 옷차림은 좀 그렇지. 하지만 세상에 결혼식에 갈 때처럼 차려 입고 일하러 가는 과학자가 어디 있겠나? 아, 머레이는 빼고."

그는 웃음을 터뜨렸다.

"함께 가시겠습니까?"

내가 묻자 그는 싱긋 웃었다. 우리는 뷔페가 차려져 있는 곳으로 향했다. 그는 내가 접시에 음식을 잔뜩 담는 모습을 지켜보았다. 처음에는 아무도 우리에게 관심을 갖지 않는 것 같았다. 그러나 잠시 후에 턱시도 차림의 남자가 우리 뒤로 다가오더니 물었다.

"신부 쪽입니까, 신랑 쪽입니까?"

"어느 쪽도 아니오."

파인만이 대답했다. 남자는 우리를 아래위로 훑어보았다. 내 머리는 창피를 최소화할 만한 거짓말을 찾기 위해 빠르게 회전하기 시작했다. 그때 파인만이 말했다.

"우리는 물리학과 대표로 왔소."

남자는 웃음을 짓더니 샐러드를 조금 담아 자리를 떴다. 우리의 대답이나 옷에는 전혀 신경을 쓰지 않는 눈치였다.

≈

늘 장난스럽고, 재미있어 하고, 젊은이의 눈을 유지하는 것. 내가 보기에는 이것이 파인만이 자연이나 삶의 모든 가능성에 문을 열어놓고 사는 비결이며, 그의 창조성과 행복의 원천인 것 같았다. 나는 그에게 물었다.

"신중한 것이 어리석은 것인가요?"

그는 잠시 생각하더니 어깨를 으쓱했다.

나도 잘 모르겠네. 하지만 장난은 창조적 과정의 중요한 한 부분일세. 적어도 일부 과학자에게는 그래. 하지만 나이가 들수록 그것을 유지하기가 힘들지. 장난이 점점 줄어드니까. 물론 그래서는 안 되지만. 나한테는 오락적인 유형의 수학 문제들이 잔뜩 있네. 가끔 그런 작은 세계 속으로 들어가 놀기도 하고 연구를 하기도 하지. 예를 들어 나는 고등학교 때 처음으로 미적분에 대해 들어보았고, 어떤 함수의 도함수*를 내는 공식을 보았네. 그리고 2계 도함수와 3계 도함수도… 그러다가 n계 도함수에도 쓸 수 있는 패턴을 보았지. 정수 n이 무엇이든 간에 말이야. 1, 2, 3 등등.

그러다가 나는 물어보았지. '반계' 도함수는 어떨까? 나는 함수에 적용하면 새로운 함수가 나오고, 그것을 두 번 적용하면 그 함수의 일반적인 1계 도함수가 나오는 그런 연산을 원한 거야. 그런 연산을 아나? 나는 고등학교 때 그런 연산을 만들어냈지. 하지만 그 시절에는 그것을 어떻게 계산해야 할지 몰랐어. 나는 고등학생에 불과했고, 그것을 정의만 할 수 있었을 뿐이지. 어떤 것도 계산은 할 수 없었네. 그것을 확인하려면 어떻게 해야 하는지를 몰랐던 거야. 그냥 정의만 했지. 나중에 대학에 들어가서야 다시 해보았네. 아주 재미있었어. 그리고 고등학교 때 생각한 원래의 정의가 맞았다는 것도 알았지. 계산이 되더란 말일세.

그러다가 로스알라모스에서 원자탄을 만들 때, 어떤 사람들이 복잡한 방정식을 푸는 것을 보았네. 그 형태가 내 반계 도함수와 일치

* 어떤 함수를 미분하여 얻은 함수. 일반적으로 f(x)의 미계수 또는 미분계수라고도 한다.

한다는 것을 알았지. 나는 이미 그것을 푸는 연산을 만들어놓았기 때문에 그것을 이용했지. 문제가 풀리더군. 우리는 두 번 계산을 해서 확인을 했네. 그냥 평범한 도함수였지. 결국 나는 그들의 방정식을 푸는 멋들어진 계산 방법을 만들어낸 걸세. 모든 게, 글쎄, 모든 것은 아니지만, 많은 것이 결국 쓸모가 있더군. 그냥 장난으로 한 것들이 말이야.

창조적 정신 속에는 널찍한 다락방이 있다. 대학 때 숙제로 풀었던 문제, 박사학위를 받은 후 일주일 걸려 판독했던 재미는 있지만 쓸모없어 보이던 논문, 동료가 무심코 던진 한마디. 이 모든 것이 창조적인 사람의 뇌 속 어딘가에 있는 보물상자에 담겨 있다가 전혀 예기치 않은 순간에 무의식이 그 가운데 하나를 골라들어 적용해보는 일이 생기곤 한다. 이것은 물리학만이 아니라 모든 창조적 과정의 일부이다. 예를 들어 차이코프스키는 이렇게 썼다. "미래의 작곡의 씨앗은 갑자기 예기치 않게 나타난다. 토양만 준비되어 있으면 된다…." 메리 셸리*는 이렇게 말했다. "발명은 무로부터 이루어지는 것이 아니라 혼돈으로부터 이루어진다." 또 스티븐 스펜더**는 이렇게 말했다. "우리가 이미 알지 못하는

* Mary Shelley, 1797~1851. 영국의 작가. 『프랑켄슈타인 Frankenstein』의 저자로 잘 알려져 있다.

것을 상상할 수는 없다. 상상의 능력은 우리가 한 번 경험했던 것을 기억하여 다른 상황에 응용하는 능력이다."

또 하나의 아주 재미있고 즐거운 일은 이렇게 묻는 것일세. 내가 어떤 식으로든 자연을 바꿀 수 있다면, 물리적 법칙을 바꿀 수 있다면, 어떤 일이 벌어질까? 무엇보다도 내가 뭔가를 바꾼다 해도, 그것이 다른 어떤 것들과는 일치해야 하네. 그리고 이 개정된 법칙에서 결과들 전체를 풀어내야만 하네. 그래야 이 일의 결과 세상에서 무슨 일이 일어날지 알 수 있지. 이것은 아주 재미있는 일이야. 많은 노력이 들어가기도 하고.

나도 그렇게 노력해본 적이 있네. 나는 3차원이 아니라 2차원이라면 물리학이 어떻게 될지 알고 싶었네. 유클리드의 평면처럼 공간 차원 둘과 시간 차원 하나가 있을 경우에 말일세. 그런 상태에서 원자가 반응하는 방식과 같은 아주, 아주 재미있는 현상들을 생각해볼 수 있네. 한 예로 원자의 빛띠선들을 들어볼 수도 있지. 나는 2차원과 3차원에서 서로 차이가 나는 많은 것들을 검토해보았네. 아주 재미있었지. 나는 그것을 노트에 적어두었어. 그 일을 하면서 아주 즐거웠지.

**

Stephen Spender, 1909~1995. 영국의 시인이자 비평가. 1930년대의 뛰어난 영국 시인들 가운데 한 명으로 꼽힌다.

파인만이 말하는 빛띠선이라는 것은 원자가 방출하는 특유의 빛을 가리킨다. 새로운 공간차원을 추가하는 것은 나로서는 상상하기 쉬운 일이었다. 박사논문을 쓰면서 나 역시 이것이 1차원부터 무한차원에 이르기까지 차원에 따라 달라지는 방식을 연구했기 때문이다. 1차원에서는 앞으로 가고 뒤로 가는 것뿐이다. 2차원이 되려면 오른쪽과 왼쪽을 보태야 한다. 3차원이 되려면 위와 아래를 추가해야 한다. 한 차원을 더할 때마다 독립적인 방향을 새로 추가하기만 하면 된다. 상상력을 통하여 이와 비슷한 대안적인 세계들을 그려볼 수 있다고 생각하면 기분이 좋다. 그러나 나는 파인만이 그 다음에 갔던 이상한 곳까지 따라갈 준비는 되어 있지 않았다….

그러다가 나는 또 다른 일을 하면서 재미를 느끼게 되었네. 시간이 둘 있다고 해보세. 공간 둘과 시간 둘. 시간이 둘인 세상은 어떨까?

우리는 시간 질서 속에서 벌어지는 사건들에 익숙해 있다. 시간 차원이 둘이라면, 즉 타임라인이 아니라 평면에서 시간을 계산해야 한다면 엄격한 질서는 있을 수 없다. 그것은 정말 이상한 세계일 것이다.

나는 아들과 해변에서 그 문제를 오랫동안 이야기해보았네. 그 아이는 기하학적 상상력이 풍부하거든. 그 아이는 우리가 이것을 상상해볼 수 있는 모델 같은 것을 만들었지. 세상이 어떻게 보일지 파악하기 위해서 말일세. 그래서 우리는 그림을 그려보면서 스스로 질문을 했지. "무슨 일이 일어날까?" 등등의 질문 말일세. 이것도 달리 할 일이 없을 때 내가 가끔 해보는 놀이라네.

우리는 늘 그렇게 하지. "이러면 어떨까?" 하고 물어본 다음 그 결과를 보는 걸세. 하지만 바꿀 수 있는 게 아주 많기 때문에 뭔가를 바꾸려면 그럴만한 이유가 있어야 하지. 적당한 것을 고르려면 상상력이 필요하네. 간단한 수정만 하면 되니까 사실 무한한 방법으로 여러 가지를 바꿀 수 있거든. 따라서 적당한 걸 고르는 게 무척 어려운 일일세. 어떤 사람은 이렇게 말한 적이 있지.

"모든 것이 3개의 입자로 만들어져 있다면 어떨까?"

파인만은 여기서 일부러 에둘러 말하고 있다. 그가 말하는 '어떤 사람'은 머레이기 때문이고, 3개의 입자란 머레이의 쿼크, 즉 양성자와 같은 소립자들을 구성하는 집짓기 블록 입자들이었다.

자, 그렇게 하면 K-중간자라고 부르는 입자는 패턴에 맞지를 않아. 소용이 없지. 하지만 입자들의 전하가 정수가 아니라면 어떨까? 아! 그러면 설명이 되는군! 야, 이건 정말 멋지군. 봐, 그렇게 하니까 이것이 만들어지잖아! 저것이 이것을 설명하잖아! 저것이 우리가 전에는 이해하지 못했던 것을 설명하잖아! 정말 흥분되지! 이렇게 해서 우리는 이제 모든 것이 정상적인 전하를 가지지 않은 3개의 입자로 만들어졌다는 것을 아는 거야!

물리학자들은 오래 전부터 모든 전하는 어떤 가장 작은 전하의 배수(倍數)로 보인다는 사실에 주목했다. 1891년 아일랜드의 물리학자 조지 존스턴 스토니(George Johnstone Stoney)는 이 기본 전하를 운반하는 근본적인 불가분의 입자들이 존재한다고 주장하면서 전자라는 말을 만들어냈다. 몇 년 뒤 음극선을 가지고 실험을 하던 과학자들은 개별적인 전자들을 관찰했다. 그 이후 아무도 전하가 1, 2, 3이 아닌 또는 전하의 다른 정수 배수가 아닌 이온이나 입자를 관찰한 적이 없다. 따라서 머레이가 처음으로 쿼크를 제시했을 때 정수가 아닌 전하 또는 분수의 전하라는 개념은 큰 논란이 되었다. 그러나 끈이론의 신비한 추가의 차원들처럼 그런 전하는 그의 이론의 일관성을 위해 필요했다.

머레이는 부정적인 반응이 나올 가능성을 알았기 때문에 처음에 쿼크를 제안할 때 머뭇거렸다. 그는 편집진이나 심사위원들의 공격이 두려워 최초의 쿼크 논문을 「피지컬 리뷰」에 제출하지 않고, 대신 권위가 떨어지는 간행물에 발표했다. 파인만도 처음에는 쿼크 이론에 대하여 회의적이었다. 처음에 이렇게 주저한 것 때문에 나중에는 머레이가 그것을 제시한 것에 더 큰 찬사를 보냈던 것 같다.

모든 전하는 정수여야 하고, 눈에 보이는 모든 것은 정수 전하를 가져야 한다는 명제로부터 해방되려면 상상력이 필요하네. 전하들이 늘 눈에 보이는 대로가 아닐 수도 있다고 말하는 데는 상상력이 필요하다는 걸세. 우리한테는 어떤 보수주의 같은 것이 내재되어 있거든. 우리는 이미 모든 것이 어디에서나 늘 정수 전하를 가진다는 이론을 굳혀 놓았네. 어디에서나! 따라서 모든 사물을 만드는 것 역시 정수 전하라고 생각하지. 그것이 합리적으로 보이네. 따라서 아무도 다른 생각을 하지 않지. 그럴 필요도 없고, 그렇다는 증거도 없으니까. 일을 다 끝내고 예상하지 못한 것을 발견했을 때 – 늘 그곳에 있었는데 우연히 마주치게 된 거지만 – 처음에는 그것이 마술 같아 보이네! 재미있지! 아주 재미있어. 나는 작은 문제들을 많이 연구했네. 그것이 내 역할이야.

나는 파인만의 이야기를 듣다가 영감을 받았다. 왜 나는 공간-시간이 4개의 차원을 가지고 있다는 생각에서 벗어나지 못할까? 끈이론이 요구하는 대로 차원이 6개 더 늘어나면 어떻게 될까? 나는 이 '이러면 어떨까?'가 좀 더 연구를 할 가치가 있다고 생각했다.

중요한 건 재미야

봄이 가까이 왔다. 패서디나의 봄은 좋은 계절이었다. 따뜻하지만 덥지는 않았고 비는 겨울보다 덜 왔다. 파란 하늘, 야자나무, 아직 녹색으로 덮인 샌 가브리엘 산맥의 선명한 모습이 보기 좋았다. 레이는 어떻게 했는지 마침내 마음에 드는 여자를 만났다. 아니 더 중요한 것은 그를 좋아하는 여자를 만났다는 것이다. 레이에 따르면, 유일한 문제는 그녀가 워싱턴 주에 산다는 점이었다. 정확히 말하면 그녀는 벨뷰에 살았다. 그러나 내 눈에는 다른 문제들도 보였다. 예를 들어 레이는 그녀에게 자신이 청소부라는 이야기를 하지 않았다. 그냥 시청에서 일한다고만 말했다. 그리고 내 눈에 보이는 그들의 유일한 공통점은 둘다 수학에 뛰어나다는 사실뿐이었다. 물론 초보적인 수학이지만. 그러나 레이는 수학을 싫어했기 때문에 이런 공통점이 반드시 그들의 관계에 보탬이 된다고 생각되지는 않았다. 그래도 레이는 그녀에게 무척 진지하게 접근하는 것 같았다. 어쨌든 나도 기뻤다. 그는 심지어 그녀가 사는 곳 근처로 이사할 생각도 했다. 그녀는 그곳에서 마이크로소프트라는 작은 소프트웨어 회사에 다녔다. 그는 어쩌면 그녀가 자신의 일자리를 알아봐줄지도 모른다고 생각했다. 나는 물론 그가 나와 가까이 있었으면 하는 이기적인 생각을 하고 있었다.

나는 레이에게 칼텍의 물리학과 이야기를 자주 했고, 특히 그의 표현을 빌리자면 '그 파인만이라는 사람'에 대해서 많은 이야기를 했기 때문에 그는 칼텍을 구경하고 파인만을 만나보고 싶어 했다. 나는 약간 불안하기는 했지만 그렇게 해주겠다고 약속했다. 수학을 싫어하지만 철학에 대해 이야기하는 것을 좋아하는 수다스러운 마리화나 애연가를 수학을 좋아하고 철학에 대해 이야기하는 것은 싫어하며 자신의 시간을 허비하는 것 또한 매우 싫어하는 퉁명스러운 늙은 교수에게 소개하는 것에는 위험이 따르지 않을 수 없었다. 그러나 레이와 나는 친구였고, 그래서 약속을 하게 되었다.

레이는 나에게 물리학자들은 무엇을 하느냐, 왜 그것을 하느냐고 자주 물었다. 한번은 『선과 모터사이클 관리기술 Zen and the Art of Motorcycle Maintenance』에서 읽은 아인슈타인의 말을 인용하기도 했다.

“인간은 자신에게 가장 어울리는 방식으로 세상을 이해할 수 있는 단순화된 그림을 그리려 한다… 그렇게 해서 세상을 극복하려 한다… 그는 이 우주와 그 구조를 자신의 감정생활의 축으로 삼는다. 그렇게 하면 개인적 경험의 소용돌이에서는 발견할 수 없는 평화와 고요를 찾을 수 있기 때문이다.”

“아인슈타인답군.”

레이는 그렇게 말했다.

“그 사람 머리는 저 구름 속에 들어가 있는 것 같아. 하지만 내가 알고 싶은 것은 이 땅과 관련된 거라고. 내가 알고 싶은 것은… 너희는 무엇을 하느냐, 그리고 왜 그것을 왜 하느냐, 이런 거야.”

그는 마치 했던 질문을 천천히 되풀이하듯이 마지막 말을 했다. 단어 하나하나에 힘을 주었기 때문에 그 질문이 새로운 의미를 띠는 것 같았다. 그러나 내가 답할 수 있는 질문은 아니었다. 어쨌든 나는 레이가 캠퍼스에 한번 가보는 것이 나의 효과 없는 말 천 마디보다 낫겠다는 생각을 했다. 가는 길에 나는 물리학자를 탐정에 비유해 가며 이야기해주었다.

“셜록 홈즈의 일 같은 거야. 물론 너의 개인적인 취향에 따라 록펴드의 일 같은 거라고 말할 수도 있고. 우선 문제를 선택해야 해.”

"해결할 범죄를 고르는 것과 같군."

"그렇지. 단지 형사들은 사건을 배당받고 물리학자들은 스스로 찾는다는 것이 다를 뿐이지."

"혹시 FBI 10대 지명수배자 명단 같은 것은 없나?"

"있지. 모두들 중요하다고 생각하는 문제들이 있어. 하지만 신중해야 해. 그런 문제에는 수많은 사람이 달려들거든. 자기 혼자만 중요하다고 생각하는 문제를 찾는 게 낫지. 물론 그 문제가 실제로 중요한 것이어야 하지만 말이야."

"그런 다음 실마리를 찾아야겠지."

"그래. 하지만 그건 다 머릿속에 들어 있지. 가능성들을 곰곰이 생각해본 다음에 아이디어를 내는 거야. 이게 실마리지. 그런 다음 수학을 만지작거리면서 실마리를 추적해 가. 자기가 의도한 결과를 낳는지 아닌지 파악하면서 말이야. 이건 쉽지 않아. 수학을 어떻게 사용해야 할지 모르니까 말이야. 말이 돼?"

"약간 추상적이고 완전히 피상적인 방식으로만 말이 되는군."

나는 웃음을 지었다.

"그래도 진전이 좀 있는 것 같군."

우리는 내 연구실에 잠깐 들린 뒤에 복도로 나가 모퉁이를 돌았다. 세미나실 밖에는 이미 대학원생들 몇 명이 몰려다니고 있었다. 물리학자들은 토론을 먹고 산다. 그들은 어디에 가나 물리학 이야기를 한다. 다른 사람들이 스포츠나 날씨에 대해 이야기하는 것과 마찬가지이다. 이를 통해 그들은 이화수분*할 기회를 얻는다. 슈워츠도 이런 식으로 엄청난 도약을 이루었다. 그는 2년 전 스위스 유럽핵연구센터의 카페테리아에서 영국의 이론물리학자인 마이클 그린과 허물없이 잡담을 나누다가 갑자기 끈이론이 중력이론이기도 하다는 사실을 깨달았다. 만일 그들이 양자색깔역학을 확장하여 중력을 포함시킬 수 있다고 생각했다면, 그것은 전 세계의 신문 1면에 실렸을 것이고 노벨상은 따놓은 것이나 다름없었을 것이다. 그러나 끈이론이 옳다고 생각하는 사람은 아무도 없었다. 따라서 이 부정확한 이론이 중력을 포함할 수 있을지도 모른다는 사실은 그들의 말에 귀를 기울여주는 소수에게도 별 반응을 얻지 못했다.

나는 슈워츠에게 감탄할 수밖에 없었다. 그는 엄청난 거부 반응에도 불구하고 기회가 있을 때마다 자신의 이론을 밀어붙였다. 오늘 그는 그린과 함께 자신의 작업을 설명하는 세미나를 열었다. 교수진이나 학생이 뭔가 설명할 만한 것을 발견했을 때(종종 그렇지 않을 때도) 여러 동료들을 모아놓고 자신의 작업에 대하여 알리는 장소가 세미나실이다. 슈워츠의 경우 여러 동료라고 해봐야 몇 사람 되지 않았지만, 늘 웃음으로 그들을 맞이했다. 그는 물

*
異花受粉. 한 사람의 아이디어가 다른 사람에게 새로운 아이디어를 만들어준다는 의미.

리학과의 다른 누구보다 세미나를 자주 여는 것 같았다.

나는 다른 이유로도 슈워츠를 존경했다. 슈워츠는 나처럼 버클리를 나왔다. 그가 1960년대에 그곳에서 박사과정 공부를 할 때 그의 지도교수는 S행렬이론이라는 아주 야심만만한 접근방법을 주도하던 제프리 추였다. S행렬이론의 목표와 철학은 끈이론과 비슷했으며 몇 년 동안 이 이론은 가장 뜨거운 쟁점이었다. 그러나 그는 성공을 거두지는 못했다. 그럼에도 추는 이 이론을 버리지 않았다. 그는 수십 년 동안 슈워츠처럼 조롱을 당하면서 거의 혼자 작업을 했다. 그러나 결국 그는 실패했고, 한때 찬란했던 그의 활동도 끝이 나고 잊혀버렸다. 슈워츠가 추의 그림자 속에서 작업을 한다는 것, 그의 역사를 되풀이하는 것처럼 보인다는 것, 그럼에도 웃음을 지으며 앞으로 나아간다는 것, 나는 이런 것들이 대단한 품성을 보여주는 것이라고 생각했다.

나는 레이가 세미나에서 나오는 말을 한마디도 이해하지 못할 거라고 생각했다. 그렇다고 그가 그런 일로 나한테 크게 기가 죽지는 않을 테지만. 어쨌든 우리 같은 물리학자들이 하루 종일 무엇을 하느냐고 계속 물었으니, 그에게 맛을 좀 보게 하는 것이 좋겠다고 생각했다.

세미나에는 겨우 10명 정도가 참석했는데, 그 가운데 반은 슈워츠 밑에서 공부하는 대학원생들이었다. 그러나 이야기가 시작되기 직전, 세미나실 밖에서 어슬렁거리는 사람들 가운데 머레이와 파인만의 모습이 보였다. 두 사람이 함께 세미나에 참석하는 모습을 본 것은 그때가 처음이었다. 나는 불꽃 튀는 논쟁이 벌어질 것이라고 예상했다.

몇 년 전, 파인만과 머레이가 세미나에 함께 참석하는 일이 좀 더 흔했을 때, 칼텍의 세미나들은 잔혹한 행사라는 평판이 자자했다. 머레이는 아무리 사소한 것이라도 그냥 지나치지 않고 쉴 새 없이 물고 늘어졌다. 더욱 가관이었던 것은 상대가 하는 말이 중요하지 않거나 흥미가 없으면, 무척 따분해 하는 표정으로 신문을 펼쳐놓고 읽었다는 것이다. 파인만 역시 늘 맹렬하여 틀리거나 허술한 발언은 그냥 넘어가려 하지 않았다. 그는 쥐와 고양이 놀이를 즐기는 것 같았다. 파인만에게 물리학은 쇼였다. 그는 상대의 답변이 만족스럽지 않으면 가끔 자리에서 일어나 자신의 의견을 말하고 밖으로 나가버리기도 했다. 머레이와 파인만 2인조는 워낙 위협적이어서 나중에 노벨상을 타기도 했던 어떤 물리학자는 칼텍 강연 초대를 받고 머뭇거렸다고 한다.

우리가 다가가자 머레이는 방금 몬트리올에서 온 것으로 보이는 사람과 이야기를 나누고 있었다. 오직 머레이만이 그 도시의 이름을 토박이들처럼 '몬-레이-알'이라고 발음하고 있었다. 파인만이 몸을 돌려 머레이를 바라보았다.

"어디라고?"

파인만이 묻자 머레이가 다시 말했다.

"몬-레이-알."

"그게 어디요? 몬-레이-알이란 곳은 처음 듣는데."

파인만은 일부러 머레이의 발음을 과장해서 되풀이했다.

"지금까지 죽 보니 선생님이 제대로 알아듣지 못하는 유명한 도시들이 많던데요."

머레이가 말했다.

"논리적으로 말해서, 그것은 내가 무지한 사람이거나 선생이 그것을 이상하게 발음한다는 뜻 아니겠소."

"그렇지는 않지요. 논리적으로 말해서 둘 다일 수도 있습니다."

머레이는 늘 까다로울 정도로 정확한 사람이었다. 파인만은 웃음을 지었다.

"글쎄, 그냥 사람들이 각자 결론을 내리도록 놔두지 뭐."

머레이는 싱글싱글 웃으며 세미나실로 들어갔다. 파인만은 머레이를 놀리는 것을 재미있어 했고 머레이는 그때마다 속이 뒤집혔다. 나는 레이에게 손가락으로 파인만이 누구인지 알려주었다.

"같이 있던 사람은 누구지?"

레이가 물었다.

"머레이 겔만."

"아, 그 쿼크를 찾은 사람."

"그래, 쿼크를 찾은 사람."

"그런데 저 사람들은 늘 서로 저런 식으로 이야기를 해?"

그가 물었다. 나는 어깨를 으쓱했다. 그들이 함께 있는 것을 거의 본 적이 없었기 때문이다.

"꼭 우리 어머니와 아버지 같아."

레이가 말했다. 세미나가 시작되자 파인만이 큰 소리로 물었다.

"이보게, 슈워츠, 오늘은 차원이 몇 개나 되나?"

나는 파인만이 그런 식으로 놀리는 것을 여러 번 들었다. 물론 그 말은 끈이론이 요구하는 추가의 차원들을 가리키는 말이었다. 그 농담에는 악의가 없었지만 의미는 있었다. 파인만의 빈정거림이 늘 악의가 없는 것은 아니었기 때문에 나는 그런 농담으로 파인만이 이 문제에서 어느 편을 드는지 판단할 수는 없다고 생각했다. 나는 레이와 함께 그곳에 서서 다음 장면을 기다리면서 약간 긴장을 느꼈다. 싸움이 한 판 벌어질 것만 같았다. 파인만과 머레이가 힘을 합쳐 슈워츠를 공격할 것인가, 아니면 결국 어찌어찌 해서 둘이 자기들끼리 싸우고 말 것인가? 레이한테 약간 창피하기도 했다. 부모가 싸우는데 친구가 옆에 있을 때 느끼는 창피함과 비슷했다.

슈워츠는 웃음을 짓더니 이야기를 시작했다. 그는 편안해 보였고 심지어 농담을 몇 마디 하기도 했다. 그러나 웃는 사람은 거의 없었다. 세월이 흐른 뒤 슈워츠는 자신이 유명해진 다음에는 비슷한 농담을 했을 때 폭소가 터지곤 했다고 말하며 웃음을 짓곤 했다. 파인만과 머레이는 경청했고 몇 가지 전문적인 질문만 했다. 조롱하는 논평은 없었다. 이야기가 몇 분 진행된 뒤 나는 레이를 바라보았다. 그는 자고 있었다.

강연이 끝난 뒤 세미나실 뒤쪽에서 차를 마시고 쿠키를 먹을 때 나는 레이를 파인만에게 소개했다. 나는 레이에게 너무 도전적으로 나가지 말라고 미리 주의를 주었다. 그리고 제발 심리학이나 철학 냄새가 나는 질문은 하지 말라고 신신당부했다.

"파인만은 의사한테서 형이상학 이야기를 하지 말라는 명령을 받았대."

나는 레이에게 그렇게 말해주었다. 레이는 이상하다는 표정으로 나를 보았지만 나는 그가 최선을 다해 얌전하게 행동할 것이라고 확신했다. 파인만이 그때 나를 돌아보며 물었다.

"그래, 자네가 관심을 가지는 그 '말도 안 되는' 이론과 관련하여 세미나에서 뭐 좀 쓸모 있는 걸 배웠나?"

"그러니까 선생님은 제가 말하던 것이 끈이론이라는 걸 죽 알고 계셨던 말씀입니까?"

"그게 이 과에서 허용하는 유일한 말도 안 되는 이론 아닌가."

"그 이론이 말도 안 된다면 교수님은 왜 여기 오신 겁니까?"

레이가 끼어들자 파인만은 싱긋 웃었다.

"쿠키 먹으러 왔지."

우리는 세미나실 밖의 복도로 나왔다. 그때 옆에서 우리 이야기를 듣던 몬트리올 손님이 우리에게 다가오더니 말했다.

"기존 물리학계에서 받아들이지 않는다는 이유로 젊은 사람들이 새로운 이론을 연구하는 것을 막아서는 안 된다고 생각합니다."

그의 도전적인 말투를 들으면서 나는 그 사람이 버클리 대학 시위에서 문화제국주의에 대해 연설을 하면 어울리겠다는 느낌을 받았다. 그러나 파인만은 그 이야기를 좋게 받아들였다.

"나는 이 친구에게 새로운 걸 연구하지 말라는 말을 하는 게 아니오."

파인만은 나를 보며 말했다.

"내 말은 그저, 자네가 뭘 택하든 간에 스스로 가장 악질적인 비판자가 되라는 말일세. 또 엉뚱한 이유 때문에 그 일을 하지는 말라는 걸세. 자네 자신이 진심으로 믿지 않는다면 하지 말게. 뜻대로 안 되면 많은 시간을 낭비하는 셈이 되니까."

손님이 말했다.

"네, 저도 12년 동안 저 자신의 이론을 연구해 왔습니다."

파인만은 그것이 무슨 이론이냐고 물었다. 남자는 간단하게 설명했다. 설명이 끝난 뒤 아무도 대단치 않게 생각하자 그는 약이 오른 듯했다. 나는 우리가 그 이야기를 정중하게 들어준 것만으로도 그가 고마워해야 한다고 생각했다. 몬트리올 손님도 이런 분위기를 느꼈는지 이렇게 덧붙였다.

"물리학계가 아인슈타인을 받아들이는 데는 오랜 세월이 걸렸습니다. 슈워츠를 받아들이는 데도 오랜 세월이 걸리고 있습니다. 따라서 내 작업을 받아들이는 데 오랜 세월이 걸린다 해도 상관없습니다. 그것은 사실 칭찬이죠. 그럴수록 마지막에 인정받았을 때 더 기분이 좋을 것 같습니다."

나는 파인만이 이 사람의 태도를 그냥 보아 넘기지 않을 거라는 생각이 들었다. 그러나 파인만은 경청하는 듯했다. 손님이 이야기를 끝내자 파인만은 뭔가 배웠다는 듯이 정중하게 고개를 끄덕였다. 이어 그는 나를 물끄러미 바라보더니 말했다.

"저게 바로 아까 말한 시간을 낭비하는 예일세."

손님이 분개하여 자리를 뜨자 레이가 파인만에게 말했다.

"아니, 어떻게 그런 말씀을 하실 수 있습니까? 너무 냉정하잖아요."

나는 레이를 팔꿈치로 찔렀고, 그러자 파인만이 말했다.

"내가 저 사람한테 한 말이 마음에 들지 않나? 왜? 저 사람은 인정을 받고 싶어 했네. 그래서 나는 저 사람이 원하는 걸 주었지. 저 사람이 건방진 바보라는 점을 인정해준 거야."

그때 헬렌이 복도에 나타났다. 그녀는 우편물을 몇 통 들고 있었는데 파인만에게 온 것 같았다. 그녀는 어떤 몸짓을 했는데, 우편물을 파인만의 사무실에 갖다놓겠다는 뜻으로 보였다. 파인만은 고개를 끄덕였다. 헬렌은 나를 보더니 잠깐 오라고 불렀다. 나는 레이에게 "말 조심해!" 하는 뜻의 표정을 지어보였다. 그는 "내가 뭘?" 하는 뜻의 표정으로 나를 마주보았다. 나는 파인만을 레이와 단둘이 놔두는 것이 걱정되었으나 헬렌이 부를 때는 거역할 수가 없었다.

조금 뒤 내가 모퉁이 너머에 있는 그녀의 사무실에서 나와 세미나실 쪽으로 돌아갔을 때, 복도는 텅 비고 세미나실에는 레이와 버터 쿠키 몇 개만 남아 있었다. 그때 내가 물었다.

"어땠어? 파인만이 앞으로 나를 만나주지도 않는 거 아냐?"

"마음 놔."

레이가 말하더니 한마디 덧붙였다.

"대마초나 한 대 피우면서."

"레이, 입 다물어!"

나는 주위에 아무도 없는지 확인하려고 고개를 좌우로 돌렸다. 당시에는 몰랐지만, 파인만도 마리화나를 피워본 적이 있었으며 심지어 LSD*도 복용해 보았다.

"걱정 마, 잘됐어. 우리는 이제 친구야. 이봐, 왜 나한테 파인만이 노벨상을 탔다는 이야기를 안 했어?"

"파인만이 너한테 그 이야기를 했어?"

"응."

"나는 파인만이 그 이야기를 하는 걸 들은 적이 없는데. 파인만

* 강한 정신적 이상을 일으키며 시각·촉각·청각 등 감각을 왜곡시키는 환각제.

은 노벨상이 원래부터 불공평한 것이라고 생각해. 그리고 사람들을 정신 사납게 만드는 것이라고 생각하지. 말하자면 가짜 신이라는 거야. 한밤중에 기자가 전화를 해서 수상 소식을 알려주니까 말이야, 파인만은 밝을 때 전화하라면서 끊어버렸다는 이야기도 있어."

"그래, 그렇게 생각하는 것 같기도 하더군. 하지만 자랑스러워하는 것 같기도 하던데. 그게 인간 아니겠어? 어쩌면 너한테는 나한테처럼 속을 털어놓지 않았는지도 모르지."

"그러니까 이제 너하고 파인만이 아주 친한 친구라 이거지?"

"나한테 또 무슨 이야기를 해주었는지 알아? 드디어 너희 물리학자들이 모두 뭘 하는지, 왜 그 짓을 하는지를 설명해주었어."

"정말이야?"

"그럼."

"뭐랬는데?"

"아냐, 아냐, 아냐. 그렇게 쉽게 말해줄 수는 없지. 직접 물어봐. 아니, 네가 직접 답을 찾는 게 낫겠다."

"꼭 파인만처럼 말을 하네."

"그래, 우리는 어떤 문제에서는 생각이 똑같더라니까."

나는 그 정도로 해두었다. 그러나 속으로는 어떻게 해서든 파인만으로부터 그 설명을 듣겠다고 다짐했다.

1988년 버클리에서 같이 공부를 했던 친구가 끈이론에 대한 교과서를 쓰기 시작했다. 이 책은 지금은 물리학과 대학원생들이 찾는 표준적인 참고서가 되었다. 1년 뒤인 1989년 6월 그는 '앞으로 한 달' 정도의 시점에 책을 완성할 계획을 세웠다. 책이 예정보다 늦게 나오는 일이 드물지는 않지만, 이 책은 늦어도 많이 늦어 1998년에야 출간이 되었다. 11년, 즉 계획했던 기간의 10배 이상이 걸린 셈이다. 왜? 끈이론은 어렵기 때문이다. 초기에 그리고 비교적 최근까지도 상대성과 양자이론을 이해하는 사람이 거의 없었다는 것은 유명한 이야기다. 오늘날 끈이론 역시 아무도 이해하지 못한다고 말해도 무리는 없을 것이다.

대부분의 새 이론은 자연의 요구에 의해 탄생한다. 그 이론들은 설명이 필요한 새로운 물리학적 원리나 실험적 사실로부터 성장한다. 그러나 끈이론은 그런 식으로 생기지 않았다. 끈이론은 페니실린처럼 우연히 발견되었다. 이론물리학자들은 여전히 끈이론이 표현하는 새로운 물리학적 원리를 찾고 있고 실험물리학자들은 여전히 실험실에서 검증할 수 있는 실험적 결과를 찾고 있다. 끈이론을 연구하는 물리학자들은 고생물학자들처럼 유래를 모르는 거대한 유골을 발굴하듯이 끈기 있게 천착하고 자료를 모은다.

이 모든 일은 1967년 여름에 시작되었다. 아직 노벨상을 받기 전인 머레이는 시칠리아의 에리체에 있는 에토레 마요라나 센터에서 강연을 했다. 그는 슈워츠의 박사논문 지도교수인 제프리 추가 주창하던 S행렬이론(결국 파산하고 만 그 이론이다)의 몇 가지 쟁점에 대하여 이야기하고 있었다. 청중 가운데는 가브리엘레 베네치아노라는 이름의 이탈리아 대학원생(당시에는 이스라엘에서 공부하고 있었다)도 있었다. 언제나 분류하기를 좋아하는 그리스인 유형의 머레이는 양성자와 중성자의 충돌과 관련된 자료의 눈에 띄는 규칙성에 대해 이야기하고 있었다. 베네치아노는 흥미를 느꼈다. 1년이 걸리기는 했지만, 베네치아노는 결국 그 규칙성을 마술처럼 묘사하는 단순한 수학 함수를 발견했다.

여기서 '마술처럼'이라는 말을 사용한 데는 그럴만한 이유가 있었다. 베네치아노는 이 함수를 도출하면서 어떤 물리학 이론도 이용하지 않았다. 그냥 여기에 적용될 수 있는 수학을 발견했을 뿐이다. 물리학자들이 그 수학이 성립하는 이유를 제시하는 데는 2년이 더 걸렸다. 그것은 1970년에 남부와 서스킨드의 연구에서 처음 제시되었다. 그들은 베네치아노의 수학 함수가 양성자와 중성자를 점 입자가 아니라 진동하는 아주 작은 끈을 모델로 삼았을 경우에 성립하는 것이라고 생각했다.

언뜻 보기에는 간단해 보이는 이 발상에는 당시 누구도 짐작하지 못했던 풍부한 내용이 담겨 있었으며, 수학적으로 표현하기가 훨씬 어려웠다. 그리고 이것은 입자들이 무엇으로 이루어졌는가를 보여주는 물리학적 모델이었지, 물리학적 원리가 아니었다. 즉 빛의 속도의 항상성 같은 원리와는 달리, 이론을 개발하기 위해 모든 가능한 길들을 살피며 나아갈 때 우리의 사고를 인도해 줄 수는 없다는 것이다. 이것이 끈이론이 어려운 또 하나의 이유이다.

나는 끈이론 문제를 두 번 가볍게 제기한 뒤, 어느 날 오후 그의 진짜 생각이 무엇인지 파악하기 위해 파인만의 연구실을 찾았다.

"끈이론에 대해 이야기를 했으면 하는데요."

내가 말했다.

"끈이론 이야기는 하고 싶지 않네. 별로 아는 게 없어."

그는 자신이 하던 일을 계속 했다.

"그 이야기를 하고 싶으면 슈워츠에게 가보게."

"해봤습니다."

"그럼, 더 해보게. 나는 지금 일하는 중일세."

"그 이론은 이해하기가 어렵습니다. 그래서 그게 노력할 만한 가치가 있는지 판단을 해보려고 합니다."

"말했다시피, 그것을 결정할 수 있는 사람은 오직 자네뿐이네."

"그 이론에 아주 전도유망한 면이 있다고 생각하지는 않으세요?"

"유망? 그 이론이 뭘 약속해주는데? 그게 양성자의 질량을 이야기해주겠다고 약속하나? 아니지. 대체 뭘 이야기해주겠다고 약속하는데?"

"글쎄요, 양적인 예측을 끌어내는 방법은 아직 아무도 모르지만…."

"틀렸네. 양적인 예측은 하고 있네. 그게 뭔지 아나?"

나는 그를 보았다. 머릿속이 텅 비어 아무 말도 할 수 없었다.

"우리가 10차원에서 살 것을 요구한다는 거야. 10개의 차원을 요구하는 이론이 합리적인가? 아니지. 그 차원들이 우리 눈에 보이나? 아니지. 따라서 그 이론은 결국 차원들을 아주 작은 구나 원통으로 만들어버리네. 너무 작아서 찾을 수도 없게 되는 거야. 따라서 그 이론의 유일한 예측은 관찰과 맞지 않기 때문에 설명을 해서 없애버려야 하는 예측이 되어버린 걸세."

"압니다…. 해결해야 할 일이 많지요. 하지만 제가 흥미를 느끼는 점은 끈이론에는 물리학에 알려진 모든 힘들을 하나의 이론으로 통일할 수 있는 잠재력이 있다는 겁니다. 중력까지도요."

그는 이상한 표정으로 나를 보았다. 가톨릭 주교와 잡담을 하다가 천연덕스럽게 그의 처자식에 대해 물었을 때나 볼 수 있을 법한 표정이었다.

"통일장이론 말입니다. 그게 우리 모두가 원하는 것 아닙니까?"

"나는 아무것도 원하지 않네. 자연은 내가 원하는 것과는 아무런 관계가 없어! 통일된 하나의 이론이 있다고 어떻게 장담할 수 있겠나? 4개의 이론이 있을 수도 있잖아! 각 힘에 대해 이론이 하나씩 있을 수도 있다고! 나는 모르겠네. 나는 자연더러 이래라저래라하지 않네. 자연이 나에게 말을 하지. 이런 이야기 자체가 의미가 없어! 말했잖아. 나는 끈이론에 대해서는 이야기하고 싶지 않다고!"

마지막 말은 목소리가 아주 높았다. 게다가 두 팔마저 휘젓고 있어 나는 깜짝 놀랐다. 우선 4개의 이론은 내가 보기에 별로 우아하지 않았기 때문이다. 우리가 물리학을 하는 이유가 자연의 아름다움과 우아함을 사랑하기 때문이지 않은가. 둘째는 그의 표정 때문이었다. 그는 당장이라도 벌떡 일어서서 나를 잡아먹을 것 같았다. 나는 방을 나갈 때라고 판단했다.

"죄송합니다. 그저 그 문제에 대한 선생님의 의견을 듣고 싶었을 뿐입니다."

"내 의견? 내 의견은 자네가 건기(乾期)에 들어섰고, 지금 작업할 것을 찾으려고 안간힘을 쓰고 있다는 것일세."

"그게 잘못된 것입니까?"

"잘못된 것은 나한테 와서 끈이론을 이야기한 거야."

"저한테는 선생님 의견이 중요합니다."

"전에도 말했듯이, 자네한테 중요한 것은 내 의견이 아니라 자네 의견이야."

"귀찮게 해드려서 죄송합니다."

나는 사리를 뜨려고 했다.

"이보게."

파인만이 말했다.

"연구할 과제를 고르는 것은 산을 오르는 것과는 달라. 문제가 거기 있기 때문에 푸는 것이 아니란 말일세. 자네가 정말로 끈이론을 믿는다면, 나한테 와서 물어볼 필요가 없지. 나한테 와서 설명을 해주어야지."

나는 아버지한테 야단을 맞은 꼬마가 된 기분이었다. 복도로 나온 나는 어머니한테 다시 야단을 맞았다. 헬렌과 마주친 것이다. 그녀는 내가 있는 층을 담당하는 비서였지만, 주로 파인만과 머레이를 위해 일을 했다. 헬렌은 여윈 중년 여자였지만, 그 둘 다에게 맞설 만한 배짱이 있었다. 그러니 나 같은 것은 그녀를 상대할 엄두도 낼 수 없었다. 그녀는 특유의 찌푸린 얼굴로 나를 보았다.

"무슨 말을 했기에 파인만 교수님이 저렇게 화가 난 거예요?"

나는 어깨를 으쓱했다.

"선생님이 일을 하실 때에는 방해하면 안 된다는 것 정도는 알잖아요."

"아마 엉뚱한 주제를 꺼내서 그랬나 봅니다."

"철학 얘긴가요?"

그녀가 물었다.

"아뇨, 끈이론이요."

"이런, 맙소사. 그것도 철학 얘기와 다를 게 없어요."

"뭣 좀 물어봐도 될까요?"

내가 말했다.

"말해봐요. 뭔데요?"

"슈워츠의 작업에 대해 모두가 그렇게 회의적인데, 슈워츠가 어떻게 여기에 9년씩이나 있을 수 있는 거죠?"

그녀는 나를 빤히 바라보았다. 나는 그 표정이 '진짜로 모른다는 말이냐?'는 뜻인지, '왜 그런 데 관심을 갖느냐?'는 뜻인지 알 수가 없었다. 그러나 잠시 후 그녀는 낮은 목소리로 말했다.

"뒤를 돌봐주는 사람이 있어요."

"그래요? 그게 누구죠?"

그녀가 말했다.

"머레이예요."

~~~

이틀 뒤 나는 연구실에 늦게 출근했다. 연구실에 들어가기 전에 콘스탄틴을 만나 머레이가 오래전부터 딸과 사이가 나쁘다는 이야기를 들었다. 그의 딸은 미국의 마르크스-레닌주의 정당에 가입을 했으며, 알바니아의 열렬한 옹호자였다. 머레이도 레이건을 레이 건*이라고 부르며 소통을 하기는 했지만, 그의 딸 리사
~~~

는 거기서 훨씬 더 나아가 '자본주의 반동의 괴수 로널드 레이건을 타도하라!'는 구호를 외치는 수준이었다.

나는 책상에 앉아 리사의 정치적 입장과 머레이가 은밀히 슈워츠의 전복적 이론을 지원하는 태도에는 얄궂은 유사점이 있다는 생각을 하고 있었다. 끈이론 역시 리사의 정치적 태도와 마찬가지로 주류에서 멀리 벗어난 것이었기 때문이다. 그런 점에서는 머레이가 이전에 발견 혹은 발명했던 분수 전하의 쿼크도 다를 바가 없었다.

딸은 아버지로부터 이론을 위해서라면 명백해 보이는 자료, 예를 들어 우리의 세계에는 끈이론에서 말하는 추가의 차원들이 없다는 것 또는 알바니아에는 의식주와 관련된 쾌적한 시설이 없다는 것에도 물러서지 않는 태도를 물려받은 것일까? 그들은 현실의 겉면을 뚫고 좀 더 근본적인 진실을 볼 수 있는 천재성(또는 저주)을 공유하고 있는 것일까?

나의 이런 생각들은 머레이 때문에 중단되었다. 다시 벽을 통해 머레이가 고함을 지르는 소리가 들렸다. 마음이 불안해지는 소리였지만 나는 상관하지 않았다. 어차피 내 연구실은 내 취향에는 너무 조용한 곳이었기 때문이다. 내 마음에 걸렸던 것은 전화선 반대편에서 그의 장광설을 들으며 짓밟히는 가엾은 인간이

*

Ray-gun, 광선총이라는 뜻이 된다.

었다. 내 머릿속에 공산주의에 대한 생각이 여전히 생생한 상태였기 때문인지도 모르겠다. 나는 헬렌이 머레이에게 말을 할 수 있다면, 나도 할 수 있을 것이라고 생각했다. 나는 그에게 이야기를 하기로 했다.

나는 복도로 나섰다. 가슴이 두근거렸다. 머레이에게는 헬렌이 필요하다. 헬렌은 머레이, 파인만과 더불어 물리학과의 영혼이나 다름없었다. 그러나 나는 언제 잘라도 상관없는 사람이었다. 머레이는 두 번 생각하지도 않고 과학자로서의 내 인생을 짓밟아놓을 수 있는 사람이었다. 나는 최악의 상황을 상상했다. 물리학과에서 종이와 분필을 주지 않을지도 모른다. 내 연구실을 보일러실로 옮겨놓을지도 모른다. 아니면 리사에게 부탁하여 알바니아로 옮겨놓을지도 모른다. 그러나 내가 머레이의 문에 이르렀을 때 고함은 끝이 났고 나는 안도했다.

문이 조금 열려 있었다. 이것은 드문 일이었다. 머레이와 파인만은 보통 방문을 닫아두었다. 그렇게 해야 학생들이나 나 같은 하급연구원들의 방해를 어느 정도 막을 수 있기 때문이다. 또 그래야 최고의 학교를 가끔씩 찾아오는 미치광이가 뛰어드는 사건도 막을 수 있었기 때문이다. 미치광이들은 새로운 발견을 했다면서 방안으로 뛰어들곤 했다. 빛보다 빠른 입자를 발견했다거나 우주는 팬케이크이고 우리는 시럽이라거나. 그들이 무슨 생각을 하느냐는 중요하지 않았다. 그들은 늘 자신이 새로운 아인슈타인이라고 생각했다. 운이 나빠 이런 불운의 천재와 마주치게 되면, 두어 시간은 그냥 하수구로 흘러가버렸다. 그러나 그들을 물리칠 때도 조심을 해야 했다. 가끔 무장을 한 사람도 나타났기 때문이다. 버클리에서는 퇴짜를 맞은 사람이 물리학과 건물 밖에서 칼을 들고 설친 적도 있었다. 내 박사논문 지도교수의 말에 따르면, 컬럼비아 대학에서는 어떤 사람이 총을 들고 다시 온 적이 있다고 했다. 그 사람은 자리를 비운 교수 대신 비서를 죽였다.

열린 문틈으로 머레이의 연구실 안을 들여다보았다. 나는 머레이가 의자에 등을 기댄 채 방금 전화 통화에서 거둔 승리를 생각하며 득의의 표정으로 웃음을 짓고 있을 것이라고 생각했다. 그러나 내 눈에 보인 것은 상심하여 팔꿈치를 책상에 올리고 두 손으로 머리를 감싼 한 남자의 모습이었다. 고뇌가 가득한 표정이었다. 그에게 소리를 지르고 싶었던 마음은 싹 사라졌고 대신 그가 안되었다는 생각이 들었다. 왜 그렇게 상심했는지는 알 수 없었다(다음날 나는 나의 그리스 신탁인 콘스탄틴에게 답을 구하러 갔다. 콘스탄틴은 머레이의 부인이 얼마 전에 암으로 죽었다고 말해주었다).

나는 염탐을 중단하고 돌아가려고 했으나 이미 때는 늦었다. 그가 나를 발견한 것이다.

"무슨 일이오?"

나는 현행범으로 체포된 사람처럼 그 자리에 우뚝 서 버렸다. 뭐라고 말해야 하지? 사람들에게 소리를 지르지 말라는 말을 하러 왔는데, 대신 염탐을 하게 되었습니다, 그럴까?

"아, 안녕하시오. 들어와요."

그는 나를 알아보았다. 나는 문을 열고 어색한 표정으로 안으로 들어가자 그가 말했다.

"동생이 쓴 좋은 책을 준 것, 다시 한 번 감사하오."

2년 전, 고등학교에 다니던 동생 스티브는 시카고 지역의 새들에 대한 책을 썼다. 머레이는 새 관찰에 열심이었으며, 자연보호론자이기도 했다. 그는 마야 북부 언어를 말하듯이 유창하게 다양한 새들의 특징에 대해 이야기할 수 있었다. 어쩌면 마야 북부에 사는 새들의 특징에 대해 말을 할 수 있을지도 몰랐다. 그래서 나는 이웃 연구실에 들어왔다는 인사로 머레이에게 그 책을 한 권 주었다.

"정말 고마웠소."

그는 다시 말했다.

"선생님이 그 책을 읽고 계신다는 이야기를 하니까 동생이 아주 좋아하던데요."

머레이는 웃음을 지었다.

"그래, 무슨 일이오? 며칠 전에 존의 끈이론 세미나에서 만났지."

기회가 생긴 것 같았다.

"궁금한 게 있어서요… 끈이론에 대해 어떻게 생각하세요?"

"아주 유망하다고 생각하오."

"어떤 면에서 유망한 거죠?"

나는 파인만과의 경험을 생각하며 신중하게 나아갔다. 멍청한 소리는 하고 싶지 않았던 것이다. 그러나 이미 그런 소리를 하고 말았다. 끈이론에 대해 조금이라도 읽어본 사람이라면, 그 이론을 유망하다고 생각하는 사람이 왜 그렇게 생각하는지 모를 수가 없었기 때문이다. 파인만은 어쩌면 이 점 때문에 나를 꼬챙이에 꿰었던 것인지도 모른다. 하지만 머레이는 그 질문에 별로 신경을 쓰는 것 같지 않았다.

"그것은 자연의 힘들을 모두 통일하는 이론이 될 수도 있소. 중력, 전기력 등 모든 힘을 통일하는 이론을 만든다는 것은 아인슈타인의 꿈이었소. 그게 우리 모두에게 영감이 될 수 있지 않겠소? 그 많은 입자들과 그 모든 상호작용을 설명할 수 있는 단순한 하나의 공식을 상상해보시오."

"하지만 사람들은 아주 회의적이던데요."

"당연하지. 그래도 추구할 만한 가치가 있소. 보시오, 내가 10년쯤 전에 존을 처음 이곳에 데려왔을 때, 우리는 중력과 끈의 관련에 대해서는 알지도 못했소. 당시에 나는 끈이 무엇에 쓰는 건지도 몰랐소. 하지만 나는 그것이 대단한 게 될 거라고 믿고 있었소. 안 그럴 수가 없었지. 너무 아름다웠으니까. 물론 모두가 그 이론을 그런 식으로 보는 건 아니었소. 그러다가 존 슈워츠와 마이클 그린이 중력과의 관련을 발견하고 나니까 마음이 푸근해지더군.

존을 이곳 칼텍에 데리고 온 것이 자랑스럽고 기뻤소. 그래도 영향력 있는 사람들 몇 명은 이해를 못 해요. 미친 듯이 반대하는 사람들도 있지. 심지어 적대감을 보이는 사람도 있고."

"그 이론과 현실 사이에 관련성이 없다고 생각하는 것 같은데요."

내가 말했다.

"끈이론에 대한 연구가 매우 비정통적인 방식으로 진전되고 있기 때문이지. 이 이론은 발명이 아니라 발견 과정을 통해 만들어졌소. 그들은 실험 자료에 맞는 것을 만들어내는 것이 아니라, 이미 있는 것을 찾고 있지. 진전은 느려. 하지만 그들이 독특하고 일관성이 있는 이론을 꿰어 맞출 희망은 있소. 그래서 내가 그 사람들을 지원하는 거요. 직감적으로 여기에는 뭔가 있다는 생각이 든 거지. 내가 멸종 위기에 처한 이론을 살리기 위한 자연보호구역을 관리하고 있다고 해둡시다."

나중에 알게 되었지만, 파인만은 끈이론과 같은 이론이 이미 존재하고 있어 발굴만 기다리고 있다는 머레이의 의견에 반대하지 않았다. 그러나 파인만은 통일에 대한 과학자의 욕망이 아니라 원리나 자연 관찰만이 우리를 올바른 이론으로 이끌 수 있다고 생각했다. 이것이 그의 바빌로니아식 접근방법이었다. 설명이 아니라 현상을 숭배하는 것. 그래서 파인만은 끈이론을 경멸했고, 머레이는 이론을 옹호했다. 그것이 파인만과 머레이였다. 서로의 천재성에 끌리면서도 서로의 철학 때문에 밀어내며 균형을 유지하고 궤도를 도는 것. 어떻게 된 일인지 나는 둘 가운데 하나가 다른 하나 없이 그 자리에 머무는 것을 상상할 수 없었다. 파인만이 죽으면 머레이는 궤도에서 튀어나갈 것 같았다. 지구가 갑자기 사라지면 달이 궤도에서 튀어나갈 게 뻔한 것처럼.

과학의 목표는 현실을 묘사하는 것일 수도 있다. 그러나 인간이 과학을 하는 한, 인간의 특질이 그 묘사에 영향을 주게 마련이다. 파인만파는 자료에 밀착한다. 머레이파는 그들의 철학, 자연을 말끔하고 깨끗하게 분류하고 싶은 그들의 요구에 따른다. 결국 어느 한쪽 또는 둘 다 성공할 수도 있다. 둘 다 성공을 하면, 조정자가 나타나 그들의 이론이 조화를 이룬다는 것을 보여주게 된다. 파인만의 다이어그램에 대해서는 프리먼 다이슨이 그런 역할을 했다. 양자역학에서 에너지는 입자로 볼 수도 있고 파동으로 볼 수도 있듯이, 둘의 입장은 여러 면을 가진 불가사의한 자연을 보는 서로 다른 관점에 불과할 뿐 둘 다 옳을 수도 있다.

머레이는 훌륭한 자연보호론자임이 증명되었다. 슈워츠의 계약을 갱신하지 말라는 압력이 상당했음에도, 슈워츠는 선임연구원으로 승진을 하여 새로 3년간 계약을 맺었다. 머레이가 원하는 만큼은 아니었지만(그는 슈워츠에게 종신교수직을 주고 싶어했다) 당분간은 그런대로 만족할 만했다.

머레이의 부인의 죽음에 대해 알고 나서 나는 머레이가 존을 위해 그만큼 신경을 쓴 것에 존경하는 마음이 생겼다. 그의 부인

마가릿은 1년 이상 아팠다. 결장암이 간으로 퍼져서 손을 쓸 수가 없었던 것이다.

처음에 머레이는 파인만이 자신의 암에 접근하던 방식으로 부인의 암에 접근했다. 암에 대해 알아야 할 모든 것들을 다 알고, 치료 방법을 결정하는 과정에 적극적으로 관여했다. 그러나 마지막에는 두 사람의 방법이 달라졌다. 파인만은 평소와 마찬가지로 자료에 집착했다. 의사가 그를 위해 해줄 수 있는 일이 더 없다는 사실을 확인한 것이다. 그러나 머레이는 자신의 천재성으로도, 자신이 이용할 수 있는 현대 과학의 모든 자원으로도 하나뿐인 진짜 친구 마가릿을 구할 수 없다는 사실을 받아들이지 못했다. 그는 가망이 없다는 말을 들은 뒤에도 실험적인 방법으로라도 그녀를 살아있게 하려고 필사적으로 노력했다. 그러는 동안 치료법이 발견될 것이라는 희망 때문이었다. 머레이는 그 와중에도 존 슈워츠가 칼텍에서 익사하지 않도록 신경을 썼던 것이다.

콘스탄틴의 말에 따르면, 마가릿이 죽고 나서 머레이가 한결 부드러워졌다는 것이 일반적인 견해였다. 그는 전처럼 큰소리로 고함을 지르지도 않았고, 자주 고함을 치지도 않았다. "예전의 머레이가 아닌 것 같았지." 콘스탄틴은 그렇게 말했다. 나는 '예전의 머레이'가 어떤지 몰랐지만, 1년간에 걸쳐 관찰한 결과 그가 점차 부드러워진다는 것을 실제로 느낄 수 있었다. 사무실 벽으로 머레이가 고함치는 소리가 다시 들려오지도 않았다. 나는 궁금했다.

그냥 기운이 빠진 것뿐일까, 아니면 속이 더 깊어진 것일까? 상처(喪妻)를 하면서 더 나은 삶의 방법을 발견한 것일까? 시간이 지나면서 나는 그가 안되었다는 생각이 들기 시작했다. 이제 그가 호통을 치며 날뛰고 싶은 욕구를 느끼지 않아서가 아니라 또는 어디에서나 자신의 우월성을 증명하고 싶은 욕구를 느끼지 않아서가 아니라 이전 52년 동안 그렇게 해왔다는 사실 때문이었다.

♒

콘스탄틴과 나는 늦은 오후에 올리브 길을 따라 걷고 있었다. 캠퍼스는 고요했고 밤부터 아침까지 비가 내렸다. 그러나 얼마 전부터 빗줄기는 가늘어졌다. 해가 얼굴을 내밀면서 올리브나무 가지들이 반짝거리고 있었다. 며칠 전 파인만은 나한테 근처 기숙사에 사는 학부생을 한 명 만나보라고 권했다. 나는 마침내 가기로 결정하고, 콘스탄틴도 데리고 가는 길이었다.

콘스탄틴의 눈은 충혈되어 있었다. 메그와 또 긴 밤을 보낸 모양이었다. 할리우드의 인기 있는 술집에서 술을 마시고 밖으로 나왔는데, 빗속에서 그의 피아트 자동차가 고장이 났다고 했다. 그들은 견인차에 끌려 집으로 가, 밤새 사랑을 나누었을 것이다. 콘스탄틴은 메그와 자기가 지적인 수준에서는 조화를 이루지 못하지만, 다른 수준들에서는 괜찮은 것 같다고 몇 번이나 말했다.

내가 보기에 두 사람은 「코스모폴리탄」의 표지 모델들처럼 천생 연분인 것 같았다.

나는 외로웠기 때문에 그가 같이 가주는 것이 반가웠다. 언제나 모험에 나설 준비가 되어 있는 콘스탄틴다웠다.

"그 친구가 뭐가 그리 대단해서 파인만이 너를 보내는 거야?"

나는 어깨를 으쓱했다. 내가 아는 것은 파인만이 재미있을 거라고 말했다는 사실뿐이었다. 그 학부생은 거미를 수집하는 것 같았는데, 대단한 수집품인 것이 틀림없었다. 콘스탄틴은 젖은 보도를 따라 우아하게 걸어갔다. 그의 우아한 이탈리아제 구두에는 물 한 방울 튀지 않았는데 나는 깊은 웅덩이를 잘못 딛는 바람에 운동화가 물에 흠뻑 젖고 말았다. 콘크리트에 파인 데가 있었던 것이 분명했다. 발을 흔들어 물을 털어내는데, 콘스탄틴이 자기의 연구를 함께 해볼 생각이 없느냐고 물었다.

"끈이론은 잊어버려."

그가 말했다.

"수학으로 양자색깔역학을 푸는 것도 잊어버리라구. 컴퓨터, 그게 답이야. 컴퓨터가 미래야. 성공하고 싶으면, 어서 그쪽에 붙어."

콘스탄틴은 양자색깔역학을 연구했지만, 격자이론이라고 부르는 분야에서 연구하는 컴퓨터 물리학자 가운데 하나였다. 그쪽으로 가는 물리학자들의 수는 점점 늘어났다. 양자색깔역학의 방정식들은 인간이 풀 수 없는 것처럼 보였기 때문에 그들은 컴퓨터에게 대신 풀게 했다. 그러나 아무리 빠른 컴퓨터라 하더라도 공간-시간 연속체에서 무한의 점들을 처리할 수는 없었고, 격자이론가들은 점들의 한정된 격자를 설정하고 방정식들을 다시 썼다. 그래서 격자이론이라는 말이 나온 것이다.

나는 콘스탄틴의 제안에 깜짝 놀랐다. 그가 하는 말이 꼭 레이가 여자친구 일에 대해서 하는 말처럼 들렸기 때문이다.

"두고 봐."

레이는 이렇게 말하곤 했다.

"언젠가는 컴퓨터가 어디에서나 눈에 띌 거야. 〈2001년 스페이스 오디세이〉의 할처럼 될 거야."

"그럴 수도 있지."

"하지만 컴퓨터들이 쓰레기 청소를 할 수 있을까?"

내가 말하자 레이가 대답했다.

"아니, 내 일자리는 안전할 것 같아. 하지만 컴퓨터들이 대마초는 피울 수 있을 것 같아."

"슬픈 날이겠군."

"꼭 그렇지는 않아. 컴퓨터가 인간을 대신하지는 않을 거야. 인간을 보완하겠지. 할이 옆에서 대마초를 피우고 있으면 파티가 그만큼 더 재미있지 않겠어?"

레이가 말했다.

나도 컴퓨터를 프로그래밍한 경험은 약간 있었다. 하지만 컴퓨터가 있으면 파티가 어떻게 더 나아진다는 것인지 알 수가 없었다. 또 그것이 풀리지 않는 이론을 위한 만병통치약으로 보이지도 않았다. 나는 콘스탄틴을 좋아했지만 그의 접근방법은 믿지 않았다. 컴퓨터로부터 답을 얻는 것은 블랙박스에서 답을 얻는 것과 비슷했다. 나는 컴퓨터가 답, 즉 숫자로 나타난 결과를 주기는 하지만, 우리가 수학적으로 방정식을 풀었을 때 얻는 이해까지 주지는 못한다고 생각했다. 이 때문에 나는 컴퓨터의 답을 신뢰하지 않았다.

그러나 나는 이런 말을 콘스탄틴에게 한 적이 없었다. 이제 와서 그 이야기를 한들 무슨 소용이 있겠는가 하는 생각이 들었기 때문이다. 게다가 내가 그의 접근방법을 믿지 않는다고 해서 그것이 옳지 않다는 뜻은 아니었다. 심지어 내가 그것을 하지 말아야 한다는 뜻도 아니었다. 나로서는 격자이론이 끈이론보다 훨씬 더 인기가 있다는 사실, 미래의 종신교수직에 좀 더 보탬이 된다는 사실을 나의 개인적 직관에 비추어 검토해보아야 했다. 어쨌거나 콘스탄틴과 함께 일하는 것은 재미있을 것 같았다.

"이봐."

그는 나의 주저하는 태도를 보고 말했다.

"우리는 양성자의 질량을 계산했어. 그것은 보통 수학을 이용해서는 아무도 할 수 없는 일이야."

그의 말이 옳았다. 실험물리학자들은 양성자의 질량을 간단히 측정할 수 있었다. 그러나 이론적으로 보자면 양성자의 질량은 그 안의 쿼크들과 강한 힘을 통한 그들의 상호작용에 달려 있었다. 이것은 아무도 해법을 모르던 양자색깔역학의 문제들 가운데 하나였다. 콘스탄틴은 컴퓨터를 통해 그 계산을 해냄으로써 대단한 명성을 얻었다. 컴퓨터에 회의적인 사람들조차 그 답의 정확성에는 감탄했다. 그는 나에게 눈을 찡긋해 보였다.

"그 덕분에 칼텍에 왔지."

우리는 방을 찾았다. 거미 수집가가 문을 열어주었다. 여윈 몸에, 자기 몸보다 훨씬 큰 칼텍 티셔츠를 입고 있었다. 큰 방은 볕이 잘 들어 환했다. 그러나 방 주인이 그것을 반길지는 의문이었다. 그는 동굴 속에서도 별 탈 없이 잘살 것 같은 느낌이 들었다. 그 점에 대해서라면 방의 또 다른 점유자들, 즉 수백 마리의 거미들 역시 다를 바가 없을 것 같았다.

방은 카드탁자들로 빽빽했다. 탁자들은 수학적 능률에 따라 바닥 공간을 최대한 덮을 수 있도록 배치되어 있었지만 인간의 편의를 위한 배치는 아니었다. 탁자들 사이를 걸어다니기도 힘들 정도였던 것이다. 카드탁자들 위에는 작은 플라스틱 컵들이 줄줄이 놓여 있었다. 컵마다 거미가, 아니 적어도 거미처럼 보이는 벌레가 한 마리씩 들어 있었다. 큰 거미들, 아주 작은 거미들, 털이 많은 거미들, 반들반들한 거미들, 그의 말에 따르면 독이 있는 거미들도 여기저기 있었다.

"기어나오지는 못합니다."

거미 수집가가 말했다.

"보세요."

그가 컵 하나를 기울였다. 컵의 옆면이 너무 미끄러워서 거미가 기어올라오지 못한다는 사실을 보여주려 했다. 왁스로 코팅을 해놓았나? 비결이 무엇인지 알 수는 없었지만 어쨌든 효과는 있었다. 다행이구나. 나는 생각했다. 그러나 지진이 나면 어떻게 될까? 1년 전 11월에 유레카 근처에서 진도 7.2의 지진이 났다. 그러나 콘스탄틴의 생각은 나와 다른 방향으로 흐르는 것 같았다.

"이봐."

그는 수집품을 확인한 뒤에 말했다.

"잠은 어디서 자?"

순간 내 눈에도 그것이 보였다. 방에는 침대, 심지어 의자도 없었다. 있는 것이라곤 거미탁자들뿐이었다.

"탁자 밑에서요."

거미 수집가가 말했다.

"여자들이 꽤나 좋아하겠군."

콘스탄틴이 빈정거렸다.

"아, 그때는 제가 여자 쪽으로 가죠."

거미 수집가가 웃으며 말했다. 그의 관심사들과 칼텍의 얼마 안 되는 여학생 숫자를 고려하면, 그가 '그때'를 누릴 수 있다는 것이 놀라웠다. 사실 그가 그때를 원한다는 것 자체가 놀라웠다. 그는 거미들을 사랑하는 것처럼 보였기 때문이다.

우리는 방을 나왔다.

"왜 파인만이 저걸 보라고 했을까?"

콘스탄틴이 물었다.

"모르겠어. 하지만 파인만 말이 맞아. 재미있기는 해."

"병적인 재미지."

"뭐, 그 친구는 아주 행복해 보이던데."

나는 어깨를 으쓱하며 말했다.

"이봐, 때로는 병든 사람들이 가장 행복하다고. 너무 병이 들어 자기가 얼마나 불행한지 느낄 수 없거든."

그는 걸음을 멈추고 담배에 불을 붙였다.

"존 슈워츠도 아마 행복할 거야. 그 사람은 아마 끈 더미 밑에서 잘걸."

그는 천천히 담배 연기를 내뿜으며 말했다. 나도 갑자기 담배가 피우고 싶었다. 담배가 그에게 깊은 만족감을 주는 것처럼 보였기 때문이다.

"격자를 배우고 싶으면 말해. 한 가지는 약속하지… 거미 탁자 밑에서 자게 되지는 않을 거야. 물론 끈 탁자 밑에서도."

그는 계속 말을 하면서 물리학 건물 쪽으로 나아갔다. 그때 멀리 파인만이 보였다. 나는 지난 이틀간 줄곧 파인만을 살폈다. 우연히 만나는 상황을 만들어, 그가 나와 이야기를 계속할 생각이 있는지 확인하고 싶었기 때문이다. 나는 콘스탄틴에게 나중에 보자고 말하고, 파인만 쪽으로 걸어갔다.

파인만은 무지개를 보고 있었다. 무척 집중한 듯한 표정이었다. 마치 무지개를 처음 보는 사람 같았다. 아니면 혹시 그가 세상에서 마지막 보는 무지개라고 생각하는 것일까?

나는 조심스럽게 다가가며 말했다.

"파인만 교수님, 안녕하세요."

"보게, 무지개일세."

그는 나를 보지 않고 말했다. 나는 그의 목소리에 노여움이 남아 있지 않다는 사실을 확인하고 안심했다. 나는 그와 함께 무지개를 보았다. 발을 멈추고 보니 아주 인상적이라는 생각이 들었다. 사실 나는 좀처럼 그러는 법이 없었다. 당시에는.

"고대인들은 무지개를 보고 무슨 생각을 했는지 궁금하네요."

내가 중얼거렸다. 별을 기초로 한 신화는 많았다. 그러나 고대인들은 무지개 역시 신비롭다고 생각했을 것이다.

"그건 머레이한테 물어봐야지."

나는 파인만의 이 말을 검증해보기 위해 나중에 머레이에게 물어보았다. 아니나 다를까, 고대 원주민 문화에 이르자 머레이는 백과사전이나 다름없었다. 그는 심지어 유물까지 모으고 있었다. 머레이는 나에게 나바호 사람들은 무지개를 행운의 표시로 보았고,

다른 인디언들은 산 자와 죽은 자를 이어주는 다리로 보았다는 것을 알려주기도 했다. 그러나 그 인디언들 이름은 제대로 알아듣지 못했다. 머레이의 발음이 원주민의 발음 그대로였기 때문이다.

파인만이 말을 이어나갔다.

"내가 아는 것은 어떤 전설 하나야. 천사들이 양 끝에 금을 갖다 두었고, 오직 벌거벗은 사람만이 그곳에 이를 수 있다는 것이지. 벌거벗은 사람은 달리 할 일이 없다는 말 같지 않아?"

그는 장난기 넘치는 웃음을 지었다.

"누가 무지개의 진짜 기원을 처음으로 설명했는지 아세요?"

내가 물었다.

"데카르트지."

그는 잠시 후에 내 눈을 똑바로 보았다.

"데카르트의 수학적 분석에 영감을 준 무지개의 가장 큰 특징이 뭐였다고 생각하나?"

그가 물었다.

"어, 무지개는 사실 원뿔의 일부인데, 스펙트럼의 색깔들을 가진 호로 보이죠. 물방울들이 관찰자 뒤의 햇빛을 받아서 생기는 현상입니다."

"그래서?"

"그의 영감의 원천은 물방울 단 하나를 생각함으로써 이 문제가 분석 가능하다는 사실을 깨달은 것이라고 봅니다. 그리고 그 상황에 적합한 기하학을 적용한 것이죠."

"자네는 이 현상의 핵심적인 특징을 놓치고 있군."

그가 말했다.

"네? 그럼 그의 이론에 영감을 준 것이 뭐라고 생각하십니까?"

"그의 영감의 원천은 무지개가 아름답다는 생각일세."

나는 멍한 표정으로 그를 보자 파인만이 물었다.

"자네 일은 어떤가?"

나는 어깨를 으쓱했다.

"잘 안 풀립니다."

나도 콘스탄틴 같으면 좋겠다는 생각이 들었다. 그에게는 모든 일이 쉽게 풀리는 듯했다.

"한 가지 물어보세. 자네가 아이였을 때를 돌이켜보게. 자네에게는 그리 오래된 일도 아니겠구먼. 자네는 어렸을 때 과학을 사랑했나? 그게 자네가 열렬히 좋아하던 것인가?"

나는 고개를 끄덕였다.

"아주 어렸을 때부터 그랬습니다."

"나도 그랬다네."

그가 말했다.

"잊지 말게, 재미있어야 하네."

그는 발걸음을 떼기 시작했다.

물리학을 할 것인가, 글을 쓸 것인가

파인만을 알았던 짧은 시간 동안 그는 나의 삶에 큰 영향을 주었다. 나도 그 이유는 모르겠다. 나는 그가 어떤 식으로든 나의 개인적 후견인이 되어주지는 않을 것임을 잘 알고 있었다. 파인만은 과의 일이나 행정적인 일은 모두 피했으며, 자신의 밑에 있는 학생이나 박사학위를 받은 연구자들도 거의 돕지 않았다. 그는 심지어 헬렌을 통해 그와 함께 일했던 모든 젊은 물리학자들에게 그들이 칼텍을 떠난 지 2년 뒤에 특이한 편지를 보냈다. 이제 그들에게 추천서를 써주지 않겠다는 내용이었다. 2년간 그들의 연구를 살펴보지 못했기 때문이라는 것이다. 그는 자신이 재미없다고 생각하는 활동은 부지런히 피해 다녔다. 파인만은 퉁명스럽고 짜증을 잘 부리기도 했으나, 나는 그를 처음 만난 자리에서 느꼈던 애정을 한 번도 잃은 적이 없다. 왜일까?

당시에는 그 답을 몰랐다. 그러나 현재는 두 어린 자식의 아버지로서 그 끌림이 무엇이었는지 알 수 있을 것 같다. 50여 년 생활의 우여곡절을 겪은 끝에 이제 죽음을 목전에 두었음에도, 파인만은 여전히 어린아이였다. 명랑하고, 장난스럽고, 짓궂고, 호기심 많고 게다가 항상 재미를 잃지 않았다. 머리숱을 보태고, 주름 몇 개만 지우고, 건강을 주면, 그는 50년 전 브루클린에서 불쾌하게 구는 운전사들을 혼내주기 위해 이탈리아어로 가짜 욕을 퍼붓던 파인만 그대로였다.

파인만 같은 큰 어린아이와 어울리다 보면 우리가 살면서 어쩔 수 없이 하는 모든 일들에 대하여 의문을 품게 된다. 밖에 나가 무지개를 보고 싶은데 동료나 고객이나 의뢰인을 만나 따분하게 앉아 있는다든가, 성공에 이르는 길이라는 이유로 아무런 애정이 없는 길을 따라 간다든가 하는 문제들에 대해 다시 한 번 생각하게 된다. 나의 어린 두 아들처럼 파인만은 그 자신을 포함한 모든 사람들에게 놀라울 정도로 정직했다. 그가 하고 싶어 하지 않는 일은 시킬 수가 없었다. 적어도 투덜거리는 소리는 들을 각오를 해야 했다. 칼텍 시절 나는 자유롭게 내 길을 택할 수 있었음에도, 파인만과는 반대로 시작도 하기 전에 타협을 하고 있었다. 나에게는 무엇이 해볼 만한 가치가 있는 일인가? 나의 삶에 무엇이 의미를 줄 것인가? 끈이론인가? 격자이론인가? 그냥 칼텍 같은 곳에 눌러앉는 것인가? 파인만은 자신의 연구실에 앉아 나에게 자신이 어떻게 삶에서, 물리학이란 분야에서 자기 자리를 찾았는지 이야기해주었다.

나는 물리학을 해야 되는 사람이었네. 내가 그것을 어떻게 아는지 아나? 어렸을 때 나한테는 실험실이 있었네. 나는 그곳에서 놀곤 했지. 나는 실험을 한다고 말하곤 했네. 하지만 진짜로 실험을 한 적은 없었어. 대학에 가서야 진짜 실험이 무엇인지 알았으니까 말일세. 실험이란 어떤 아이디어를 확인하기 위한 측정이지. 하지만 어렸을 때 내 실험은 그런 것이 아니었거든. 나의 실험은 앞에 사람이 오면 소리를 내는 광전지를 만들거나 라디오를 만들거나 하는 정도였지. 그것은 뭘 찾는 실험이 아니었네. 그냥 노는 거였지. 나는 실험실에서 놀곤 했네. 라디오를 고치곤 했지. 당시는 대공황 시절이었고 나는 어린아이였으니까 돈도 많이 들지도 않았네… 작은 연장통을 만들기도 하고, 부품을 사기도 했지. 나는 내가 하는 일을 잘 이해했네. 아주 즐거웠어. 그냥 물건을 만드는 일이 말일세. 그러다 나는 나에게서 이론적 분석 능력을 발견했지. MIT의 수학과에 입학하고 학과장한테 가서 물었지.

"더 고등의 수학을 가르치기 위한 것이 아니라면, 고등 수학이 무슨 소용이 있습니까?"

그러니까 학과장은 이렇게 대답하더군.

"그런 질문을 해야 한다면 수학은 하지 말게."

그 양반 말이 정말 옳았어. 나는 그 말에서 뭔가 배웠지. 내가 수학을 택한 것은 단지 내가 수학을 아주 잘할 수 있다는 것을 발견했기 때문일 뿐이야. 그리고 나는 어쩌다가 수학은 다른 것들보다 수준이 높다고 생각하게 되었지. 하지만 내가 수학에 진짜로 관심을 가졌던 이유는 응용과학 때문이었어. 하지만 그때는 그걸 제대로 알지 못했지.

나는 수학에 관심이 있었고, 어떤 용도라는 맥락에서 모든 것에 관심이 있었네. 용도라는 말은 응용이라는 뜻이네. 자연을 이해하고 그것을 가지고 뭔가를 한다는 거지. 그냥 이것을, 이 논리적인 것을, 이 괴물을 더 많이 한다는 게 아니고. 물론 그렇게 하는 게 문제라는 말은 아닐세. 나는 수학자를 우습게 보지 않네. 사람마다 관심이 다 다르잖나. 하지만 나의 관심은 증명의 정확성이 아니라 증명된 것에 있다는 사실을 깨달았지. 그런데 그것은 수학자의 일반적인 태도가 아니라는 거야. 수학자들은 증명의 본질을 구조화하는 것이나 뭐 그런 것들을 좋아하지. 하지만 나는 수학적 관계가 이미 증명된 사실들에 더 관심이 가. 그걸 어딘가에 써먹고 싶기 때문이지. 따라서 태도가 다른 걸세.

나는 물리학에서 내 자리를 찾았네. 그것이 나의 인생이야. 나에게 물리학은 다른 어떤 것보다도 재미가 있네. 그렇지 않다면 그것을 할 수가 없었겠지.

≈

나는 부엌에 서서 강하고 달착지근하고 끈적끈적한 에스프레소를 마셨다. 그날이 내 생애 최악의 날이 될 것이라는 느낌은 전혀 없었다. 아침에 나는 일찍 일어났다. 학부 시절의 은사가 패서디나에 오셨기 때문이다. 나에게는 각별한 스승이었는데 오랜만에 만나게 된 것이다. 우리는 아테네 신전에서 만나 늦은 아침을 먹기로 했다. 그분에게는 점심이겠지만. 식사 후에 은사는 보스턴으로 돌아가고, 나는 의사에게 달려가야 했다.

당시 나에게 일찍 일어났다는 것은 10시쯤에 일어났다는 뜻이었다. 그렇게 말하면 게으름뱅이였다는 이야기처럼 들리겠지만 나는 학부시절부터 자정이 훨씬 넘도록 일을 하는 데 익숙해져 있었다. 이것은 물리학자들에게는 적어도 17세기의 데카르트에게까지 거슬러 올라가는 전통이었다. 데카르트는 항상 정오가 넘어서야 일어났다. 사람들의 몰이해 때문에 게으른 사람이라는 소문이 난 것을 보면, 그는 이 전통의 외로운 개척자였던 것 같다. 그러나 그런 소문에도 불구하고 데카르트는 물리학, 수학, 철학 등 여러 분야에서 혁명적 변화를 가져왔다. 게으른 사람치고는 상당히 괜찮은 성과였다.

대학원생 시절 나는 내 일을 낭만적으로 생각했다. 늦잠을 자고, 늦게까지 일하고, 파티에도 열심히 참석하려 했다. 내가 세 분야에서 혁명적인 변화를 가져올 사람은 못 될지 몰라도, 그런 습관에서는 젊은 데카르트와 비슷했다. 내 활동 시간 때문에, 그리고 나의 생각과 에너지를 거의 전적으로 내 일에 쏟아붓고 있었기 때문에 바깥세계와 접촉할 일은 별로 없었다. 파티라고 해도 대부분 다른 학생들과 어울리는 정도였다. 그러나 나는 나이 차이에 관계없이 동료들과 어울리는 데 만족하고 있었다. 내 생각에 아인슈타인이나 뉴턴 그리고 데카르트처럼 시간적으로 나와 거리가 있는 물리학자들 역시 다른 곳에 살고 있는 물리학도 친구들과 마찬가지로 내가 속한 공동체의 일부였다. 우리는 모두 고귀한 공동체의 구성원이었으며, 이론물리학이라는 건물을 짓기 위해 자신이 가져온 벽돌을 쌓고 있었다.

그러나 칼텍의 교수진에 편입되자 상황이 달라졌다. 그곳에서는 몰입이 불가능했다. 끈이론을 공부할 때도 자꾸 시계를 흘끔거렸으며, 기회만 있으면 다른 데 정신을 팔려고 했다. 동료들과도 별로 마음을 트지 않았다. 그러나 야간 청소부하고는 매우 친해져서 멕시코 프로축구에 대해 많은 것을 알게 되었다.

은사를 만나러 가기 전날 밤에 늦게까지 자지 못한 것도 예전에 즐기던 오락에 다시 손을 댔기 때문이다. 그 오락이란 다름아닌 글쓰기였다. 이 오락은 〈바스커빌가의 개〉 심야 상영 파티 때 다시 시작되었다. 우리는 영화를 보다가 평소처럼 기존의 대사를 다른 더 재미있는 대사로 바꾸어 소리치곤 했다. 순간 퍼뜩 떠오르는 생각이 있었다. 이것은 놀려 먹기 딱 좋은 영화로구나. 그래서 나는 1년 전쯤 개봉되었을 때 다섯 번이나 보았던 〈에어플레인 Airplane〉의 대사들을 생각하며, 이 영화의 패러디를 쓰기 시작했다.

나는 아홉 살 때부터 이따금씩 단편을 쓰기는 했지만, 칼텍에 있는 사람들한테는 시나리오에 대해 말하기가 너무 창피했다. 물리학자들, 특히 이론물리학자들 가운데는 선교사 같은 사람이 많다. 그 외에는 평범한 속물이 대부분이다. 순수문학을 한다고 하면 간신히 받아들여 줄까, 시나리오를 쓴다고 하면 평가가 0이하로 떨어져 하급인간으로 간주할 것이 분명했다. 나는 셜록 홈즈가 아니라 물리학에 사로잡혀 있어야 할 사람이었다.

이런 생각을 하면서 은사를 만나기 위해 11시 30분에 아테네 신전에 도착했다. 학부시절에 친한 관계였기 때문에 그에게 연구의 어려움과 나의 새로운 관심에 대하여 조언을 구할 생각이었다. 그가 어떤 반응을 보일지 짐작이 가지 않았다. 은사가 나타났을 때 처음 든 생각은 마지막으로 본 모습과 조금도 다르지 않다는 것이었다. 당당한 체구에 이웃집 아저씨 같은 인상, 덥수룩한 머리와 길게 기른 턱수염. 그가 입은 편안한 재킷도 눈에 익었다.

그의 외모에 새로운 것이 있다면 턱수염에 묻은 음식 부스러기뿐이었다. 아침식사의 흔적 같았는데, 내 학부시절에는 보기 힘든 모습이었다. 그러나 왠지 그것이 정겹게 느껴졌다.

근로장학생인 종업원은 넓적한 빵과 버터를 갖다주었다. 우리는 우아하게 생긴 물잔을 입에 갖다대며 메뉴판을 보았다. 나는 은사에게 무슨 연구를 하고 있느냐고 묻지 않았다. 그는 20년 전쯤에 훌륭한 성과를 내놓았으나, 내가 만난 이후로는 대단한 것을 발표한 적이 없었기 때문이다. 나는 그에게 끈이론을 살펴보는 중이라고 이야기했다. 교수는 70년대 초에 처음 끈이론이 등장할 때의 정황을 잘 알고 있었지만, 지금도 그 이론에 대해 연구하는 사람이 있다는 이야기를 듣고 깜짝 놀랐다. 나는 마음속에서 그를 회의론자 진영과도 다른 망각파 진영으로 분류했다. 그가 말했다.

"자기 일을 잘 관리할 줄 알아야 하네. 이 분야 저 분야로 마구 뛰어다니는 것은 좋지 않아. 그러다가는 다음 일자리를 얻는 데 어려움을 겪게 되지. 이름을 알리려면, 연구에 어떤 일관성이 있어야 하네."

"가끔 이러다가는 다시 논문을 쓰지 못하겠다는 생각도 듭니다."

"시간이 걸릴 수 있지. 너무 걱정하지 말게."

"걱정하는 게 아닙니다. 오히려… 낙담한 거지요."

"누구나 다 그런 시기가 있지. 과정의 일부야."

"어쩌면 저는 이 일에 맞는 사람이 아닌지도 모르겠습니다."

내가 말했다.

"이봐, 나는 자네를 믿어. 잘 버티라고."

"고맙습니다."

그는 껄껄 웃었다.

"그런데 달리 하고 싶은 일이라도 있는 건가?"

"사실 생각해본 적은 없습니다."

"물론 없겠지."

그 말을 들으니 혹시 그는 내가 물리학 외에는 할 줄 아는 게 없다고 생각하는 게 아닌가 하는 생각이 들었다. 아니면 세상에 다른 것은 존재하지 않는다고 생각하는 것은 아닌지.

"글을 좀 쓰고 있습니다."

내가 마침내 말했다.

"글?"

그는 어리둥절한 표정이었다. 그가 상상할 수 있는 글은 처음 알파벳을 배울 때의 글자 연습뿐인 것 같기도 했다.

"뭘 쓰는데?"

"시나리오를 쓰기 시작했습니다."

"뭐? 시나리오를 쓴다고?"

그는 놀라는 눈치였다. 마치 나의 아버지처럼 말을 하고 있었다. 그는 이렇게 말하는 것 같았다. 그러니까, 네가 얼마 전에 받았다고 하는 수술이… 성전환 수술이었단 말이냐?

"대체 왜 그걸 하는데?"

그는 약간 격해진 목소리로 말했다.

"모르겠습니다. 그냥 좋아서요."

나는 메뉴판을 내려다보았다. 자리가 불편해지는 것 같아 내가 말했다.

"여기 크림스프는 아주 맛있습니다."

화제를 바꾸려고 했지만 그 상황에서 빠져나올 수가 없었다. 그러나 늘 낙관적인 나는 노력을 하고 있었다.

"빨리 주문해야 합니다. 저 조금 있다가 병원에 가야 하거든요."

"이보게. 자네는 자네 자신에게, 나에게, 많은 사람들에게 빚이 있다고 할 수 있네. 자네는 계속 물리학을 해야 해. 우리는 자네를 훈련하는 데 아주 많은 시간을 쏟아부었어. 긴 세월이야! 그걸 그냥 그런 식으로 내버려서는 안 돼. 자네의 재능, 자네의 교육. 이건 모욕이야. 멸시야! 무엇 때문에? 허구 때문에? 할리우드의 싸구려 쓰레기 때문에?"

그의 얼굴이 붉어졌다. 턱수염에서 아침식사 부스러기가 떨어졌다. 나는 그의 분노 때문에 허둥대고 있었다. 내가 물리학을 포기하겠다는 이야기를 한 적은 없지 않냐고 항변하고 싶었다. 또 이렇게 말하고 싶기도 했다. 당신이 뭔데 내 인생을 두고 이래라 저래라 하는 거야? 그러나 사실 나 자신도 그것이 가치 없는 일이라는 생각에 시달리고 있었다. 왜 나는 그런 쓸데없는 할리우드의 쓰레기를 붙들고 있는 걸까? 나는 물러서려 했다.

"제가 영화 일을 하고 싶다고 말씀드린 건 아닌데요."

"그렇지 않다면 왜 시나리오를 쓰나?"

"그냥 취미입니다. 그뿐이에요."

종업원이 다가왔다.

"자네 책임을 잊지 말게. 자네한테는 재능이 있어. 자네는 뭔가를 이루어내야 하는 사람이야."

종업원은 나를 보고 다 안다는 듯 슬쩍 웃어 보였다. 우리가 부자지간이라고 생각했던 것 같다. 나는 크림스프와 오믈렛을 주문했다. 교수도 오믈렛을 주문했지만 크림스프는 시키지 않았다. 지적 변태가 권한 요리에는 관심이 없는 것 같았다. 반쯤 먹었을 때 그의 턱수염에 부스러기가 달라붙었다. 우리는 이런저런 잡담을 나누었다. 마침내 의사한테 가야 할 시간이 왔을 때 나는 안도감을 느꼈다. 그러나 이 안도감은 곧 무너져버리게 된다.

지금 와서 생각해보면 그 교수의 장광설을 재미있다고 생각할 수도 있다. 그는 자신의 좁은 분야에 틀어박혀 다른 사람들의 창조성을 평가할 줄 몰랐다. 그러나 당시에는 그렇게 볼 수가 없었다. 나는 교수의 말 때문에 몹시 괴로웠고 결국 파인만에게 그 이야기를 했다. 파인만 역시 현대 문학의 많은 부분을 상당히 경멸하는 사람이었지만, 작가는 존경했다. 아마 그가 가장 존중하는 자질, 즉 상상력이 요구되는 모든 일을 존중하는 것과 같은 맥락인 것 같았다.

나도 한때 소설을 쓸까 하는 생각을 한 적이 있네. 물론 나는 강연을 했지. 그러니까 내가 말을 하고, 사람들이 그것을 녹음하기도 했다는 말일세. 하지만 그런 것으로는 성에 차지 않더군. 그래서 영문과에서 열린 어떤 파티에서 재미삼아 내가 소설을 쓰면 어떻겠냐고 물었지. 그러자 내가 아주 존경하는 한 교수가 이렇게 말하더군.

"그냥 쓰면 돼."

나는 『그림 동화집 Grimm's Fairy Tales』을 펼쳐보았네. 소설을 쓴다는 것이 별로 어렵지 않을 거라고 생각했어… 이런 소설에서는 원하는 대로 할 수 있거든. 천사와 괴물 같은 게 다 나오니까. 그래서 작가는 원하는 대로 할 수 있고, 편리하게도 온갖 마법이 등장하지. 그래서 나는 말했네.

"이런 이야기를 하나 꾸며봐야겠다."

그러나 나는 아무것도 꾸며내지 못하고, 읽은 것들을 짜깁기만 했다네. 그러나 그렇게 짜깁기를 하고 나니, 안타깝게도 색다른 플롯, 어떤 기발함, 뭔가 다른 것, 놀라운 것이 없다는 생각이 들더군. 하지만 그림의 다음 이야기에는 어떤 놀라운 게 있었네. 다른 이야기들과는 다른 점이 있더라는 거지. 괴물들이 또 나타나기는 하지만, 플롯의 본질, 뜻밖의 전개는 완전히 달랐네…. 그래서 나는 생각했지. "이 이상의 가능성은 없겠다." 그러고 나서 다음 이야기를 읽어 보니까, 그것은 또 완전히 다른 거야. 그래서 나는 나한테는 새로운 이야기를 아주 잘 꾸며내는, 그런 종류의 상상력은 없다는 것을 깨달았지.

그렇다고 나한테 좋은 상상력이 없다고 말하는 것은 아니야. 사실 나는 소설을 상상하는 것보다 과학자의 일이 훨씬 더 힘들다고 생각해. 즉 없는 것을 상상하는 것보다는 있는 것을 파악하거나 상상하는 것이 더 어렵다는 이야기지. 소규모로 또는 대규모로 벌어지는 일들은 처음 예상과 크게 달라지는 경우가 많지. 그것을 제대로 이해하려면 엄청난 상상력이 필요하네! 원자를 그려보는 데도 엄청난 상상력이 필요하지. 원자가 이렇게 저렇게 움직일 거라고 예측하는 데 말이야. 원소의 주기율표를 만드는 것도 마찬가지지.

과학자의 상상력은 제어를 당한다는 점에서 작가의 상상력과는 다르네. 과학자가 뭔가를 상상하면, 신은 '부정확하다'거나 '지금까지는 괜찮다'고 말하지. 물론 여기서 신은 실험이야. 신은 이렇게 말하기도 하지. '아, 아니야, 그건 일치하지 않아.' 우리는 이렇게 말해. "나는 그것이 이렇게 될 거라고 상상해. 그렇다면 이런 것을 보게 될 거야." 하지만 다른 사람들이 볼 때 그게 보이지 않을 수도 있네. 정말 안타까운 일이지. 우리가 잘못 추측한 거니까. 하지만 글쓰기에는 이런 것이 없네.

작가나 화가는 뭔가 상상을 할 수 있고, 물론 그것에 대해서 예술적으로 또는 미학적으로 불만을 가질 수는 있네. 하지만 거기에는 과학자가 다루는 수준의 선명함과 절대성이 없네. 과학자에게는 '실험의 신'이 있어서 "그거 예쁘군, 친구. 하지만 사실과는 다르지." 그런 말을 하네. 이건 큰 차이일세.

어떤 위대한 '미학의 신'이 있다고 해보세. 그래서 그림을 그릴 때마다 이 위대한 신에게 그림을 제출한다고 해보세. 그 그림이 아무리 내 마음에 들어도, 아무리 나에게 만족스러워도 또는 아무리 만족스럽지 않아도, 그런 것과 관계없이 그 신이 "이건 좋군" 또는 "이건 나쁘군" 하고 말하는 거야. 그런 식으로 한참 시간이 지나면 자신의 개인적인 느낌이 아니라 그 신에게 맞는 미학적 감각을 형성하는 게 중요한 문제가 될 걸세. 이것이 과학에서 말하는 창조성과 오히려 비슷하지.

또 글이라는 것은 수학이나 과학과는 달라. 계속 확장되어 나가는 지식의 덩어리가 아니야. 수학이나 과학에서 사람들은 모든 것을 합쳐 거대한 괴물 덩어리를 만들지. 그리고 여기에는 진보가 있네. 하지만 전에 나온 작품 덕분에 매일 더 나은 작가들이 나타나고 있다, 이런 말을 들어본 적 있나? 다른 사람들이 전에 글 쓰는 법을 보여준 덕분에 이제 그 바탕에서 글을 더 잘 쓸 수 있게 되었다, 그런 말을 들어본 적이 있냐고? 과학이나 수학에서는 그렇게 말할 수 있지. 예를 들어 나는 『보바리 부인 Madame Bovary』을 읽어보았네. 아주 좋더군. 물론 그것은 평범한 사람에 대한 묘사에 불과하지. 나야 소설의 역사에 문외한이지만 『보바리 부인』이 평범한 사람들에 대한 소설의 시초라고 생각하네. 다른 사람들 소설도 그랬으면 좋겠어. 하지만 현대 소설에서는 이제 그런 종류의 장인 정신, 그런 세세한 묘사를 볼 수 없는 것 같아. 현대 소설을 몇 권 읽어보기는 했지만, 도무지 견딜 수가 없더군.

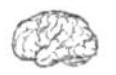

가슴이 뛰는가

의사는 시내에서 작은 개인병원을 열고 있었다. 멀지 않았기 때문에 나는 빵 부스러기 교수와 점심을 먹은 뒤에 병원까지 함께 걸어갔다. 화창하고 아름다운 날이었다. 병원 안은 단조로움과 초라함 중간 정도의 상태였다. 예약을 하고 왔는데도 40분을 기다려야 했다. 기다리는 동안 머릿속에서 예전에 물리학 아이디어들을 가지고 놀 듯이 시나리오를 위한 아이디어들을 가지고 놀았기 때문에 지루하지는 않았다.

의사는 나이가 꽤 많았고 약간 비만이었으며 머리는 거의 완전히 벗겨져 있었다. 둥근 얼굴은 늘 웃음을 싯는 것처럼 친근하게 느껴졌다. 왠지 편안한 느낌을 주는 의사였다. 의사가 내 고환에 손을 대야 할 상황이었기 때문에 그것은 중요한 문제였다. 나는 이런 문제에서는 까다롭게 사람을 가리는 편이었다. 특히 상대가 남성인 경우에는 더 그랬다.

"언제부터 이랬습니까?"

의사가 물었다. 처음에 나는 그 질문이 괴상하다고 생각했다.

"이랬다뇨?"

내가 물었다.

"이 응어리들 말입니다."

응어리? 나는 혼란스러웠다. 무슨 이야기를 하는 거지?

"여기 말입니다."

그는 나에게 보여주었다. 의사는 그것이 이 단계에서는 그냥 의심스러운 응어리일 뿐이지만, 고환에 있는 이런 응어리는 거의 틀림없이 암과 관련이 된다고 말했다. 내 나이에는 드문 일이었다. 게다가 나는 각 고환에 응어리가 하나씩 있었다. 의사는 이것 또한 매우 희귀한 경우라면서 발표를 할 만한 것이라고 했다. 의사의 목소리에서 흥분을 느낀 것은 내 상상이었을까? 사실 그는 권위 있는 전문의협회의 회장 출신이었다. 그러나 나는 너무 충격을 받은 상태라 불쾌해 할 겨를도 없었다. 이럴 수는 없다는 생각이 맴돌 뿐이었다.

그는 어떤 호르몬 수준이 올라가지 않았는지 보기 위해 피 검사도 해야 하고 외과의를 만날 약속도 잡아야겠다고 말했다. 머리에 피가 몰리는 느낌이 들어 나는 의자에 주저앉고 말았다. 그러자 의사도 마침내 내가 그의 실험실에 있는 무지하고 가엾은 개가 아니라 인간이라는 데 생각이 미친 것 같았다. 그는 갑자기 얼굴이 약간 밝아지더니, 나를 위로할 생각이었는지, 만일 암이 퍼지지 않았다면 고환을 제거한 후에도 호르몬 약과 인공기관으로 '거의 정상적인 생활'을 할 수 있을 것이라고 말했다. 나는 '거의 정상적인 생활'이라는 것이 무슨 의미인지 궁금했다. 약은 둘째치고 목소리가 한 옥타브 올라간다는 것만으로도 정상과는 거리가 먼 것 같았다. 그리고 여자친구에게 그 기능도 못하는 가짜 고환에 대해 뭐라고 설명한단 말인가? 아니야. 나는 생각했다. 나에게는 이제 삶이 두 번 다시 '거의 정상적'이 될 수가 없어.

그것으로 끝이었다. 그 순간 나의 삶은 변했다. 외할머니는 마흔에 암으로 세상을 떠나셨다. 방광과 신장 사이에 생기는 종양 때문이었다. 외할머니 가족은 부유했지만, 1930년대 폴란드에 살았으니 손 쓸 방도가 없었다. 외할머니는 죽기 전에 오랜 시간 큰 고통을 겪었던 것 같다. 모르핀은 있었지만, 도움이 되지 않았다. 어머니는 매일 밤 외할머니가 비명을 지르는 소리를 들었다고 눈물을 흘리며 이야기하곤 했다.

어머니가 어느 날 밤 친구네 집에서 자고 가자, 외할아버지는 죽어가는 어머니를 버려두고 어떻게 그럴 수가 있냐고, 그렇게 가족의 고통을 잊을 수가 있냐고 호되게 야단을 쳤다고 했다. 그 이후로 어머니는 다시는 친구들과 나가 놀지 않았고 머지않아 외할머니는 세상을 뜨셨다. 그로부터 2년 뒤에는 히틀러가 어머니의 가족과 친구를 모두 말살하는 바람에 둘 사이에서 갈등할 필요도 없어졌다. 어머니는 오늘날까지 어린 시절 가족의 고통을 잊지 않고 있다. 나도 어머니의 이야기를 잊지 않았다. 스무 살 때도 암은 나의 최대의 공포였다.

칼텍에서는 그 해가 암의 해였던 것 같다. 파인만은 신중하게 모든 방법을 동원하여 임박한 죽음에 대처하고 있었지만, 주로 차분하게 수용하는 쪽이었다. 머레이는 부인을 구하기 위하여 미친 듯이 싸웠으며, 그 이후 공황과 슬픔 때문에 사람이 약간 달라졌다. 나는 어떻게 대처해야 할까? 나는 얼마나 오래 살 수 있을까? 그 동안 파인만이 안되었다는 생각을 해왔는데, 가만 보니 내가 불쌍한 바보였던 셈이다.

나는 그 소식을 들은 뒤 처음에는 멍하니 거리를 헤맸다. 전에는 물리학에만 집중할 수 없었지만, 이제 나는 어떤 일에도 집중할 수가 없었다. 간단한 대화도 이어갈 수가 없었다. 그럼에도 나는 일상적인 활동을 이어갔고, 아무에게도 이야기를 하지 않았다. 콘스탄틴은 나를 데리고 사람들 없는 곳으로 가더니, 마약을 했냐고 물었다. 아마 레이도 그렇게 생각했을 것이다. 혼자 있을 때면 나 자신이 가엾어 견딜 수가 없었다. 나는 자주 울었다. 가끔 몇 시간씩 울기도 했다. 며칠 뒤 다시 뇌가 움직이기 시작했지만, 시시때때로 죽음이 삶을 침범하곤 했다. 그때마다 뱃속이 출렁 내려앉는 느낌을 받았다. 죽음이 내 삶의 초점이 되었다.

나는 캠퍼스의 올리브나무들을 바라보았다. 그 울퉁불퉁하면서도 아름다운 형태, 기분 좋은 회색. 갑자기 모든 것이 귀하게 여겨졌다. 풍경, 하늘, 새하얀 벽이 흰 치즈 빛 천장과 만나는 내 아파트의 우아한 선. 나는 무지개를 보던 파인만을 생각했다. 이제 그의 심정을 알 것 같았다. 삶의 작은 경험들까지 모두 필사적으로 음미하고 있었다. 심지어 전에는 짜증을 내던 것까지.

며칠 뒤 의사가 전화를 했다. 피 검사는 음성으로 나왔고 호르몬 수준은 높아지지 않았다. 안도. 환희. 그러나 오래가지 않았다.

"검사는 음성으로 나오는 경우가 많아요. 사실 별다른 의미는 없습니다."

그가 말했다. 나는 혼란스러웠고 당황했다. 어떻게 대처해야 할지 알 수가 없었다.

"별다른 의미도 없는데 왜 검사를 한 겁니까?"

내가 물었다.

"양성으로 나오면 가장 쉽게 진단이 확인되는 셈이니까요. 하지만 다른 방법들이 있어요. 그건 사실 형식적인 절차였습니다."

"생체 검사를 할 겁니까?"

"아뇨, 보통은 그냥 고환 전체를 떼어냅니다."

"하지만 제 경우는 두 쪽 다 아닙니까?"

"안됐지만 이런 응어리는 늘 악성이라서요."

그가 말했다. 정말 안된 일이었다.

"병원에 오면 그때 이야기합시다."

그는 그것으로 대화를 끝냈다. 신이 전화를 끊어버린 것 같았다.

나는 어찌할 바를 몰랐다. 어쩌다 이 지경에 이르게 되었을까? 나는 물리학 박사였다. 내가 전에 읽은 한 연구에 따르면, 평균적으로 볼 때 그 싱글벙글 의사보다 25퍼센트 정도 더 똑똑할 가능성이 높았다. 그러나 그는 전문가였다. 나는 그의 시간과 설명을 애걸해야 할 처지였다. 나는 USC(University of Southern California) 의대로 가서 스스로 공부를 하기로 했다. 책을 한 권 찾아 응어리와 고환에 대한 것을 빠짐없이 읽기로 했다. 그곳으로 가는 길에 자비로운 설명들을 찾아낼지도 모른다는 공상도 해보았다. 낭종(囊腫) 같은 것일지도 모른다. 아니면 엄지발가락의 건막류* 같은 것일지도 모른다. 안타깝게도 고환은 그런 것들과는 거리가 먼 것 같았다. 책들도 의사의 생각을 지지하는 것 같았다.

나는 집으로 가 의자에 주저앉았다. 밖은 낮의 열기가 식어, 낮게 내려간 해는 이제 위압적인 느낌 없이 유혹적으로 다가왔다.

* 엄지발가락의 관절이 신발 옆부분과 마찰을 일으켜 피부가 두꺼워져 튀어나오는 현상.

문 밖 뜰에 있는 수영장에는 사람이 한 명도 없었다. 이웃집 고양이 한 마리가 수영장 옆의 콘크리트에 웅크리고 있을 뿐이었다. 나는 삶과 자연을 새롭게 감상하게 된 눈으로 고양이를 바라보았다. 정말 귀엽군. 나는 생각했다. 웅크리고 있다 와락 덤벼들며, 유전자에 박혀 있는 사냥 기술을 연습하는 모습.

순간 나는 그것이 단순한 연습이 아니라는 것을 알게 되었다. 고양이는 어린 쥐를 가지고 노는 중이었다. 고양이는 꼼짝도 않고 웅크리고 있다가 쥐가 도망치려 하면 덤벼들어 다시 잡았다. 잠시 후 쥐를 다시 놓아주고 게임을 되풀이했다. 나는 어머니와 같은 자연의 잔잔한 아름다움으로부터 마음의 평정을 얻는 대신, 자연에는 언제고 지저분한 일이 벌어진다는 생각이 들며 마음이 울적해졌다. 순간 파인만이 여러 번에 걸쳐 암 수술을 받았다는 데 생각이 미쳤다. 그러나 신이 파인만을 가지고 놀든 말든, 파인만은 자신의 인생의 마지막 나날을 즐기는 것 같았다. 그러나 그 가엾은 쥐에 대해서는 똑같은 말을 할 수 없을 것 같았다. 나에 대해서도. 레이가 다가왔다.

"레너드 산을 덮고 있는 먹구름이 보이는군, 그래."

그가 말했다. 나는 아직 그에게 응어리에 대해 말하지 않았지만, 내 얼굴에 덮인 먹구름은 감출 수가 없었던가 보다. 내가 어깨를 으쓱하자 그는 웃음을 지어 보이며 말했다.

"걱정 마. 닥터 레이가 약을 가져왔으니까. 보통 의사의 처방과는 다르지만 효과는 있을 거야."

"보통 의사들은 다 꺼져버리라 그래. 어쨌든 담배는 너무 많이 피웠어."

순간 나는 혹시 마리화나 흡연이 응어리와 관련이 있는 것이 아닌가 하는 생각이 들었다.

"불 좀 줘."

그는 내 대꾸를 무시하며 말했다. 나는 일어서서 성냥을 찾았다. 그는 끈이론에 대한 논문을 하나 집어들더니 뒤적여 보았다. 대부분의 물리학 연구논문처럼 그 논문에도 방정식이 가득했다.

"이론물리학이란 게 꼭 수학 같군."

레이가 말했다.

"목적이 있는 수학이라고 해두자고."

내가 말하자 그가 다시 대답했다.

"내가 수학을 싫어하는 건 아버지 때문이야. 아버지는 엔지니어였거든. 게토 출신으로는 출세한 거지. 스패니시 할렘* 출신이야. 그런데 젠장, 아버지는 나도 엔지니어로 만들려고 한 거야. 아버지에게는 그게 생존의 문제였지. 수학을 배우느냐 아니면 복지 연금 타먹으며 사느냐 이거였단 말이야. 그래서 나한테 대수 시험 문제를 내곤 했어. 한 문제 틀릴 때마다 한 대씩 때렸지. 정말 세게

* 뉴욕시티의 빈민가.

때렸어. 그렇게 느꼈다니까. 대충 피해갈 수 있는 일이 아니었지. 천만에 말씀이었어. 9곱하기 8은? 딱! 6곱하기 12는? 딱! 그래서 내가 수학을 싫어하는 거고, 또 그래서 수학을 잘하는 거야."

그는 파이프에 불을 붙이고 나에게도 권했다. 나도 피우고 싶은 마음이 간절했지만 사양했다.

"됐어."

그러나 곧 후회했다.

"아버지가 나한테 수학을 하게 하는 대신 대마초를 피우게 했어야 했는데. 그랬으면 나는 지금 대마초는 싫어하고 수학은 좋아했을 거 아냐. 어쩌면 너처럼 물리학자가 되었을지도 모르지. 나쁘지 않아. 유명한 과학자들하고 신나게 놀고, 정오까지 잠을 자고. 하지만 뭐 어때. 나는 쓰레기 청소가 좋아. 낮에 일찍 일이 끝나고, 늘 밖에 있을 수 있잖아. 이런 걸 하려면 정말 정신을 집중해야겠다."

그가 다시 연구논문을 건너다보며 말했다.

"그래."

그의 기분이 어떤지 알 것 같았다. 나는 그와 그의 아버지를 하나로 합친 인물이었다. 원하지도 않는 것을 나 자신에게 억지로 공부하게 하고, 답을 빨리 얻지 못할 때는 스스로에게 매질을 했다. 그는 다시 나에게 파이프를 권했다. 이번에는 받아들였다.

♒

나는 파인만의 연구실 쪽으로 향했다. 내 청바지는 무릎이 찢어졌고, 플란넬 셔츠는 입은 지 사흘째였다. 그러나 상관없었다. 파인만과 나에게 마침내 공통점이 생겼다는 생각밖에 없었다. 임박한 죽음. 어쩌면 동병상련으로 서로를 지탱해줄 수 있을지도 몰랐다. 헬렌이 그녀의 사무실 문 앞에 서서 어떤 학생과 이야기를 나누는 모습이 보였다.

"안녕하세요."

내가 다가가자 그녀가 인사했다.

"안녕하세요."

내가 대답했다. 나는 우편함에 들려, 내 이름이 적힌 칸에 담긴 두 통의 오래된 쓰레기 우편물을 살펴보는 척했다. 그곳에서 어물쩍거리자니 등에 식은땀이 흘렀지만, 헬렌이 나를 파인만의 문간에서 쫓아내는 것은 원치 않았다. 마침내 그녀의 전화가 울렸고, 그녀는 자신의 사무실 안으로 사라졌다. 나는 얼른 그녀의 사무실 문을 지나 파인만의 연구실 문을 두드렸다. 아무런 대답이 없어 다시 두드렸다.

"네."

안에서 목소리가 들렸다. 나는 문을 열고 안으로 한 발을 들이밀었다. 그는 긴 의자에 앉아 손에 쥔 종이 뭉치를 들여다보고 있었다. 마침내 그가 고개를 들어 나를 보며 말했다.

"지금은 바빠서 이야기할 시간이 없네."

내가 바로 움직이지 않자 그는 덧붙였다.

"어서 가보게."

"물리학 질문이 있습니다."

물론 그것은 사실이 아니었다. 하지만 개인적인 일로 왔다고 말하면 나는 절대 안으로 들어갈 수 없었다. 그렇다고 갑자기 나에게 있었던 일을 다 털어놓을 생각도 없었다. 우리 둘 다 암으로 죽어가고 있기 때문에 이야기 좀 하러 왔습니다, 그런 식으로. 잠시 후에 그가 말했다.

"지금은 안 돼."

내 방문이 진짜 물리학 문제 때문이라고 생각했기 때문인지 그의 목소리가 한결 부드러워졌다.

"알았습니다. 그럼 언제가 좋으세요?"

"모르겠네. 다음 주에 와 보게."

다음 주는 받아들일 수 없었다. 다음 주에는 죽을지도 모르는데.

"알겠습니다."

나는 뒤로 물러서며 덧붙였다.

"사실 선생님이 도와주실 수 있을지 없을지는 잘 모르겠습니다. 양자광학에 대한 문제인데요. 선생님도 그 문제에 대해서는 오랫동안 생각해보지 않으셨잖습니까."

대학원 시절 만났던 마크 힐러리라는 친한 친구가 뉴멕시코에 자리를 얻어 양자광학을 연구하고 있었다. 우리는 이따금씩 전화를 걸어 서로의 작업에 대해 이야기하곤 했다. 주로 학교의 청소부가 너무 바빠 나에게 시간을 내주지 못할 때였다. 그러나 내가 양자광학을 건드린다는 것은 글쓰기와 마찬가지로 동료들에게 이야기할 수 없는 것이었다. 그 일 역시 하급으로 간주될 것이 뻔했기 때문이다. 그러나 파인만은 물리학의 모든 측면을 높이 평가했다. 그리고 그는 도전을 늘 반가워했다.

나는 문을 닫기 시작했다. 천천히. 막 문이 닫히려는 순간 그가 말했다.

"잠깐."

이제 그는 호기심을 느끼고 있었다. 무엇보다도 물리학의 세계에서 그가 위대한 통찰을 제시하지 못할 문제는 없다는 것을 보여주고 싶어했다.

"무슨 문제인가?"

그가 물었다. 내 책략이 먹혀든 것이다. 이제 문제를 제시해야 했고 그건 어렵지 않았다. 양자광학에서 주요한 쟁점 가운데 하나는 레이저 광선의 빛이 결정체 같은 물질을 관통할 때의 반응을 묘사하는 것이었다. 레이저 광선은 물질 매체가 있을 때는 진공에서 퍼져나갈 때와 다르게 반응했다. 마크와 나는 어떤 결정체 안에서 개별적인 원자들의 모델을 만들 때 내가 논문에서 사용한 방법(무한의 차원을 통한 어림)을 이용할 수 있다는 것을 알았다. 그래서 우리는 약간의 가정과 많은 수학을 동원하여 레이저 빛과 결정체의 상호작용에 대한 이론을 개발했다.

이 상호작용을 묘사하는 이론이 없었던 것은 아니다. 그러나 우리의 이론과는 달리, 개별적인 원자들의 이론으로부터 도출된 것이 아니었다. 대신 원자들의 결정격자가 실험으로 측정 가능한 속성들을 가지고 있다고 어림하여 도출한 것이었다. 만일 결정체가 물이 든 컵이라면, 과거의 접근방법은 컵 안의 물을 밀도, 점성, 굴절률 등과 같은 육안으로 보이는 속성들을 가진 액체로 취급하고, 그것이 사실상 물 분자라고 부르는 미시적인 것들로 이루어져 있다는 사실을 무시하는 것이었다. 반면 우리의 접근방법은 물 분자에서 시작하여 다른 모든 것을 도출해내는 것이었다. 만일 우리가 정말로 다른 모든 것을 도출해낼 수 있다면, 우리는 세부를 무시하지 않았으므로 우리의 방법이 분명히 우월한 접근방법이 될 터였다.

그러나 우리가 원하는 대로 하려면 이전의 접근방법보다 일이 훨씬 더 복잡했다. 따라서 그것을 하려면 단순화를 위한 우리 나름의 어림을 해야 했다. 그리고 그 핵심이 나의 무한차원 방법론을 활용하는 것이었다. 이렇게 예전의 방법과 우리의 방법 모두 어림을 포함하므로, 어느 것도 본질적으로 더 나은 방법이라고 할 수는 없었다. 그럼에도 우리는 우리 식으로 이 이론을 재정리함으로써 물리학에 대한 약간의 새로운 통찰을 얻을 수 있을 것이라고 생각했다. 파인만의 액체 헬륨에 대한 작업과 마찬가지로 이 이론도 양자색깔역학이나 끈이론과 같은 근본 이론이 아니라 주어진 상황을 설명하기 위해 만들어낸 모델이 될 터였다. 그래도 재미있어 보였기 때문에 우리는 이 연구를 계속했다.

마크는 우리의 이론을 이전의 이론과 비교해보았는데, 어느 날 밤에 전화를 하여 두 이론의 결과가 일치하지 않는다고 말했다. 나는 이전 이론이 처음으로 제시된 15년 전의 논문을 찾아보았다. 아니나 다를까, 두 이론의 결과는 비슷하기는 했지만, 맞지 않는 중요한 부분이 있었다. 둘 가운데 어느 한 이론이 틀린 것이 분명했다. 우리는 우리가 틀렸다고 생각했다. 우리가 어딘가에서 수학적 실수를 했거나 정당화할 수 없는 가정을 했다고 생각했다. 나는 그 부분을 찾아내는 것이 파인만과 논의해볼 만한 큰 문제가 된다고 생각했다. 파인만은 역시 우리의 이론 뒤에 깔린 생각을 금방 파악했다. 물리학의 세계에서 그가 위대한 통찰을 제시하지 못할 문제는 없다는 것을 다시 한 번 증명해 보였다. 사실 이후 30분 동안 그는 내가 두 달간 그 문제를 생각해서 얻은 것보다 더 많은 통찰을 보여주었다. 그가 그렇게 쉽게 내 생각을 뛰어넘었다는 사실에 낙담을 했을 법하지만, 나는 그보다는 그가 우리 생각을 마음에 들어한다는 사실에 흥분하고 있었다.

이어 나는 다른 이론과의 충돌에 대해 말했다.

"자네는 그 사람들 이론을 이해하나?"

파인만이 말했다.

"논문을 읽었습니다. 대부분은 따라갈 수 있겠던데요."

"따라갈 수 있다고? 누군가를 따라갈 수 있다고 해서 올바른 길로 간다는 뜻은 아니지 않나. 스스로 도출해낼 수 있을 때에만 그것을 이해하는 거라네. 그래야 그것을 믿을 수도 있고."

그는 잠시 말을 멈추었다가 덧붙였다.

"물론 그것이 엉터리로 판명날 수도 있지. 나는 그게 엉터리일 거라고 생각하네. 내가 보기에 자네는 모든 걸 올바르게 했으니까 말이야."

"하지만 그 이론은 15년 동안 인정받고 있었는데요."

"그래. 그렇다면 그건 단순한 엉터리일 뿐 아니라 오래된 엉터리로군."

나는 웃음을 터뜨렸다. 우리는 결국 우리의 임박한 죽음에 대해 이야기하지 못했다. 그럼에도 서로를 지탱하는 일은 했다. 우리가 대화를 나누는 짧은 시간 동안 나는 암에 대한 근심에서 놓여날 수 있었다. 우리가 양자광학 이야기를 할 때, 세상은 멋지고 재미있게 보였다. 파인만도 나와 똑같은 느낌인 것 같았다.

≈

다시 싱글벙글 의사를 만나야 할 때가 왔다. 병원이 가까워오자 위가 팽팽하게 조여지는 것 같았다. 나의 모습이 아주 창백하고 끔찍했는지 나는 기다리지 않고 바로 검사실로 안내되었다. 그곳의 침대에 누워 쉬고 있어도 괜찮다고 했다. 그래, 이제야 나를 제대로 대접해주고 있군. 나는 생각했다. 내가 안되었다는 생각이 들었기 때문이겠지.

나는 종이가 덮인 침대에 누워 내가 앞으로 거쳐야 할 온갖 괴로운 절차들을 상상해보았다. 물론 수술은 생각하는 것만으로도 끔찍했다. 그리고 끝없는 검사, 주사, 엑스레이, 거기에 어쩌면 방사선 치료와 화학 치료에 이르기까지. 고환 외에 절단이 더 필요할 수도 있을 터였다. 그리고 무시무시한 구토. 머리카락은 다 빠지고, 심지어 눈썹과 속눈썹까지 빠지겠지.

몇 분 뒤에 의사가 문을 열었다. 나는 일어나 앉았다. 갑자기 몸에 아드레날린이 솟구쳤다. 그는 내가 혼자 있는 것을 보고 놀라는 눈치였다. 그는 방에서 물러나기 시작했다.

"선생님?"

내가 말했다.

"자문할 사람들을 구해놓았습니다. 우리가 구할 수 있는 최고의 사람들이죠. 곧 돌아오겠습니다."

그는 이렇게 말하며 문 밖으로 나갔다. 딱딱한 목소리라는 느낌이 들었다. 이것이 무슨 의미일까? 무엇이 나를 기다리고 있는 것일까? 항상 가장 견디기 힘든 일은 앞일을 모른다는 것이었다. 나는 다시 누웠다. 그는 두 사람의 전문가를 데리고 돌아왔다. 의사가 나의 병에 흥분했다는 증거로군. 나는 생각했다. 나를 자랑하려는 거야. 곧 세 사람이 진지한 표정으로 나의 불알 위로 몸을 웅크렸다. 이 의사들은 물리학자들과는 달리 하얀 가운을 입었다. 왠지 그 사실 때문에 더 무서웠다. 나의 병든 몸으로부터 자신들을 보호하기 위해 그런 가운을 입었다는 느낌이 들었다.

한 전문가가 다른 전문가에게 뭐라고 중얼거렸다. 둘 다 고개를 끄덕였다. 두 번째 전문가가 방을 나가자 첫 번째 전문가가 나를 보았다.

"응어리가 있군요."

그가 나에게 말했다.

"하지만 암은 아닙니다. 종양도 아니예요. 괜찮습니다."

나는 그를 보았고 안도의 한숨을 내뱉었다. 무슨 주사라도 맞은 것처럼 내 몸 전체에 긴장이 풀렸다. 눈에 눈물이 고이더니, 뺨을 타고 주르르 흘러내렸다. 나는 싱글벙글 의사를 보았다. 당신이 이 응어리들이 악성이라고 했잖아. 그런데 왜 이 사람들은 괜찮다고 하는 거야? 이 사람들 손가락 끝에 엑스레이라도 달렸나? 도대체 당신이 무슨 전문의야? 다수결 전문의인가?

그런 질문들이 내 얼굴에 드러나기라도 했는지 싱글벙글 의사는 대답을 하듯이 말했다.

"응어리들 양쪽이 똑같아요."

그러자 전문가가 말했다.

"좌우 대칭이죠. 종양은 그런 식으로 자라지 않습니다. 따라서 환자분은 날 때부터 그런 것이 틀림없습니다. 아무 문제없습니다. 다른 의사가 뭐라고 한 적이 있습니까?"

없었다. 내 고환은 지금까지 개척되지 않은 땅이었다. 싱글벙글 의사는 사과를 했다. 그들에게는 그것으로 끝이었다. 그러나 나는 그 후로도 오랫동안 싱글벙글 의사가 처음에 했던 말이 사실 옳았던 것이 아닌가 하는 생각에 시달려야 했다. 신문에 고환암 기사가 날 때마다 가슴이 철렁 내려앉고 머리에서 피가 사라지는 듯하여, 기절하지 않으려고 아무데나 주저앉곤 했다. 아무 관계없는 병으로 의사들을 만나러 가서, "그런데 여기도 좀 봐 주시지 않겠어요?" 하고 말할 때마다 의사들의 얼굴에는 이상한 표정이 떠오르곤 했다.

지금은 그것을 극복했다. 그것이 사실이었다면, 이미 죽은 지 오래되었을 것이기 때문이다. 내 고환의 응어리는 선천적인 특성이었다. 나는 대칭에 의해 구원을 얻은 것이다.

≈

너무 흥분한 상태에서 차를 몰고 아파트로 돌아오다가 두 번이나 사고를 낼 뻔했다. 이제 죽지 않게 되었다는 사실을 안 직후에 죽는다면 그런 아이러니가 어디 있겠는가. 나는 생각했다. 꼭 암으로만 죽는 게 아니야. 그냥 그렇게 끝날 수도 있었다. 잠깐의 부주의로. 물론 불치병에 걸린 사람이 그 사실을 까맣게 모른 채 자동차 사고로 죽을 수도 있다.

나는 자신을 다잡으려 했다. 그러나 병원에 다녀온 뒤에는 매우 흥분해 있었다. 이럴 때 몸에서는 사람을 흥분시키는 호르몬을 방출하는 것이 틀림없다. 그 호르몬을 잘 채취하면 부자가 될 수도 있을 것이다. 아마 불법으로 낙인찍히기는 하겠지만. 운전에 집중할 수가 없었다. 시련이 끝나면서 갑자기 누군가에게 내가 겪은 일을 이야기하고 싶어 못 견딜 지경이었던 것을 보면, 나의 심리도 영향을 받은 것이 틀림없었다. 그 동안 말하고 싶은 욕구가 억눌려 있었던 모양이다.

우선 레이부터 시작했다. 그가 수영장 근처에서 어슬렁거리는 모습이 눈에 띄었다. 낮에 쓰레기 청소를 끝낸 후 시원하게 샤워를 한 것 같았다. 내 이야기를 듣는 그의 표정은 쉬지 않고 변했다. 아주 짧은 시간에 충격, 부인, 분노, 우울, 수용 등 불치병 환자가 자신의 병을 알았을 때 겪는 모든 단계를 통과하더니, 이윽고 안도의 한숨을 내쉬었다. 그는 나를 꼭 끌어안았다. 그의 턱수염 그루터기가 섬세한 사포처럼 내 뺨을 긁었다. 그의 몸에는 남아 있는 운모 냄새 밑에 쓰레기의 시큼한 냄새가 깔려 있었다. 그는 내 몸을 풀어주면서 딱 한마디했다.

"다행이야."

우리는 내가 다음 며칠 동안 쉬어야 한다고 합의를 보았다. 레이도 쉬기로 했다. 적어도 하루는. 우리는 밤늦게까지 파티를 열었고 다음날 그는 병가를 냈다. 나 때문에 기뻐서 병이 난 셈이었다. 우리는 파티를 계속하기로 했다. 우리에게는 원하는 모든 것이 있었다. 삶의 축제였다. 그 말은 아침으로는 피자를 먹고, 점심으로는 햄버거를 먹고, 저녁으로는 피자와 햄버거를 먹는다는 뜻이었다. 그 사이사이에 수도 없이 대마초를 피우고, 맥주를 마시고, 시가를 입에 물었다.

오후 늦게, 이번에는 레이가 폭탄을 터뜨렸다. 그는 떠날 예정이었다. 새로운 연인, 마이크로소프트 여자와 함께 지내기 위해 벨뷰로 이사할 생각이었다. 그녀는 레이에게 한동안 자기와 살다가 필요하면 일자리를 얻으라고 이야기했다. 그래서 레이는 쓰레기 청소부 일을 그만두고 컴퓨터 프로그래밍을 배울 생각이었다. 마침내 수학적 재능을 써먹기로 한 것이다. 자신의 아버지와 더불어 자신을 벌하는 일을 그만둘 때가 된 것이로구나. 나는 그렇게 추측했다.

흥분의 거품이 얼마나 빨리 터져버리는지, 웃음이 나올 지경이었다. 나는 벌써 외로웠다. 이 도시에서 나의 가장 가까운 친구였던 사람이 사라진다는 생각만으로도 몸이 휘청거릴 정도였다. 당연히 기뻐해주어야 했지만 배를 다시 주먹으로 얻어맞은 기분이었다.

다음날 아침, 마라톤 파티 때문에 레이와 나는 둘 다 병이 들었다. 레이는 다시 병가를 냈다. 이번에는 거짓말이 아니었다. 나는 아스피린을 씹고 차를 마시면서 하루를 보내며 한 가지 문제를 곰곰이 생각했다. 이제 생명을 돌려받았는데, 그것으로 무엇을 해야 할까?

밖은 푹푹 쪘다. 라디오의 표현을 빌면, 철에 어울리지 않게 더웠다. 그 말이 맞을지도 몰랐다. 어쨌든 여름이 가까웠다는 표시였고, 이제 학기도 곧 끝날 터였다. 나는 내가 한 일과 하지 않은 일을 생각해보았다. 별로 해놓은 일이 없었다. 위대한 발견은커녕 발표할 만한 연구 업적도 없었다. 마크와 함께 광학이론을 해결한다면 좀 다르겠지만. 그래도 나는 여전히 살아있었다. 나는 파인만과 했던 이야기를 돌이켜보았다. 나에게는 삶과 일이 매우 복잡해 보였다. 그러나 그는 뭐든지 단순하게 이야기했다. "원숭이가 할 수 있다면 자네도 할 수 있다." 그는 그렇게 말했다. 하지만 나는 원숭이가 아니었다. 나는 결과가 어떻게 될지 걱정했지만 원숭이는 그런 걱정을 하지 않을 것 같았다. 그것이 나이가 들면서 배우게 되는 것일까? 모든 것이 생각만큼 복잡하고 중요하지 않다는 것을?

칼텍에 출근하자 내가 없는 사이에 큰 사건이 일어났다는 것을 알게 되었다. 콘스탄틴과 관계가 있는 뉴스였다. 우리는 처음 이야기가 나온 이후 협력 작업 가능성에 대해 이야기를 나눈 적이 없었다. 이제 그는 연구원 계약 기간이 끝나, 다음 가을부터 아테네에서 일할 생각으로 지원서를 냈다. 그것도 새로운 사건이었지만, 큰 사건은 아니었다.

콘스탄틴이 명성을 얻은 것은 양자색깔역학 이론으로부터 양성자의 질량을 컴퓨터로 계산했기 때문이었다. 그러나 이상한 소문이 돌고 있었다. 콘스탄틴이 정직한 방법으로 문제를 컴퓨터에 옮기지 않았다는 것이었다. 수학 이론의 현실적인 연속 공간으로부터 나온 방정식들을 컴퓨터가 다룰 수 있는 한정된 점들의 격자로 번역하는 단일한 방법은 없다. 따라서 격자이론은 과학인 동시에 예술이다. 신뢰성이나 정확성과 관련하여 가장 일리가 있는 것이 무엇이냐 하는 문제에서는 기존의 원칙들을 따르려 한다. 그리고 그 다음부터는 컴퓨터가 헤치고 나아간다.

격자이론으로 한 작업은 순수하게 수학적인 작업보다 확인이 어렵다. 문제가 어떻게 구성되었는지 따라갈 수는 있지만, 컴퓨터가 계산을 하면서 밟은 모든 단계를 머리로 따라갈 수가 없기 때문이다. 소문에 따르면, 콘스탄틴은 작업을 거꾸로 했다고 한다. 양성자의 질량을 알고 있었기 때문에 정답을 얻기 위해 계산식을 만들면서 매개변수들을 조작했다는 것이었다. 어쩌면 미묘한 차이인지도 모르지만, 공개되면 중요한 문제가 될 수 있었다.

콘스탄틴은 그것을 부정하지 않았다. 오히려 그런 소동에 신경을 쓰지 않는 척했다. 그리스나 미국의 정치 이야기를 할 때처럼 다 안다는 자신만만한 태도로 두 팔을 휘저으며 무시해 버리려 했다. "뭐가 문제인데? 나는 컴퓨터 모델을 개선하기 위해 내가 아는 것을 이용했을 뿐이야. 다 그렇게 해."

그러나 그는 연신 담배 연기를 내뿜었다. 담배 맛이 나지 않는 듯 연신 짧게 내뿜었다. 나는 그가 안되었다는 생각이 들었지만 약간 화가 나기도 했다. 그는 나의 좋은 친구였고 나는 그를 신뢰했다. 나는 여전히 그가 인간적으로는 신뢰할 만하다고 생각하고 있었다. 그러나 그를 전처럼 존경하기는 힘들 것 같았다. 나는 그에게 암 때문에 겁에 질렸던 이야기를 하지 않았다. 그러나 파인만에게는 그 이야기를 하고 싶었다.

나는 우편함 수법을 다시 이용하여 헬렌이 나를 보지 않는다는 것을 확인하고 얼른 파인만의 연구실로 들어갔다. 의례적으로 문을 한두 차례 두드렸을 뿐이다. 파인만은 긴 의자에 앉아 쉬는 중이었다. 내가 들어가도 귀찮아하지 않는 눈치였다. 나는 침묵을 깨기 위해 콘스탄틴 사건을 이야기했다. 파인만은 그냥 어깨만 으쓱할 뿐이었다.

“그 사람 논문은 읽지 못했네. 그 문제에 대해서는 잘 몰라. 내가 무슨 이야기를 해주기를 기대하나?”

“저는 선생님이 ‘이런 비열한 놈’ 이러실 줄 알았습니다. 그 친구가 그렇게 한 것은 발견이 아니라 성공이 중요하다고 생각했기 때문이거든요.”

“아냐, 아냐. 나는 그 사람의 정신을 분석할 생각은 없네. 하지만 자네는 자네 친구가 속임수를 썼느냐 아니냐 하는 문제만큼이나 많은 사람들이 그의 논문을 읽었지만 문제를 몰랐다는 사실에도 관심을 가져야 하네. 회의적이지 않은 사람들, 자신이 뭘 하는지 이해하지 못하는 사람들이 너무 많아. 그런 사람들은 그냥 따라갈 뿐이지. 그래서 이렇게 추종자들은 남아돌지만, 리더는 적은 거라네.”

나는 자리에 앉았다. 콘스탄틴 이야기는 그만하면 충분했다. 나는 나 자신에 대한 이야기를 하고 싶었다. 나는 파인만에게 암 이야기를 해주었다. 파인만은 고개를 저었다.

“멍청한 물리학자는 자기 자신한테만 상처를 줄 뿐이지만 의사는 그렇지 않지. 이보게, 내 경우에도 수술이 불가능하다고 말한 의사들이 많았어. 하지만 나는 이 나라에서 수술을 할 용기 있는 의사를 한 사람 찾아냈지. 아주 긴 수술이었네. 매우 철저했어. 물론 그 친구가 뭘 놓쳤을지도 모르지. 알 수 없는 일이야. 이제 두고 보면 알겠지만.”

파인만은 눈을 감았다. 나는 그를 물끄러미 바라보았다. 파인만은 이날따라 매우 지친 표정이었다. 얼굴은 창백하고, 여위고, 주름이 많았다. 처음으로 나는 그를 물리학자나 전설 또는 연구실이 가까워 이따금씩 만날 수 있는 친구가 아니라 한 노인으로 보았다.

그는 눈을 떴다. 나는 그를 바라보고 있었다.

"내가 별로 좋아 보이지 않는다고 생각하는군."

그가 말했다.

"아뇨, 괜찮아 보이는데요."

나는 거짓말을 했다.

"나한테는 엉터리 같은 소리 말게. 자네 그거 아나?"

"뭘요?"

"자네도 별로 좋아 보이지 않는다는 거."

나는 웃음을 지었다.

"두 주 정도 힘들었습니다."

나는 이틀간의 파티에 대한 이야기는 뺐다. 그는 슬며시 웃음을 지으며 말했다.

"아마 마지막에는 진이 다 빠지도록 축하를 했겠지."

"네, 약간이요. 레이하고요. 기억하시죠?"

파인만은 설레설레 고개를 흔들었다. 레이가 마음에 들었던 것이 분명했다. 어떻게 하다 보니 레이의 아버지가 을러대는 바람에 그가 수학을 싫어하게 되었다는 이야기까지 나왔다.

"내 아들 칼과 나는 수학 이야기를 좋아한다네."

파인만의 얼굴이 갑자기 환해졌다.

"그 아이는 아주 잘해."

"저는 아버지와 수학 이야기를 한 적이 없습니다. 아버지는 고등학교도 졸업하지 못하셨거든요. 나치 때문이죠. 하지만 저는 어릴 때부터 수학 문제 푸는 것을 좋아했습니다. 열심히 생각하는 것을 좋아했죠. 뭔가 풀어냈을 때, 새로운 아이디어를 떠올렸을 때 그 기분이 정말 좋았습니다."

"그게 자네가 찾았던 답 아닌가?"

"무슨 말씀이죠?"

"레이 말이 자네한테 물리학을 좋아하는 이유를 물었는데, 자네가 답을 못했다면서."

"아, 네."

나는 레이가 그런 이야기까지 한 것에 약간 당황했다.

"그런데 이제는 답을 찾은 것 같구먼. 자네가 물리학을 좋아하는 것은 자네가 열심히 생각하는 것을 좋아하기 때문이고, 창의적인 것을 좋아하기 때문이고, 문제 풀기를 좋아하기 때문이지."

"그게 답이라는 생각은 안 드는데요."

"그게 답이라는 생각이 안 든다니 대체 무슨 소리인가? 그건 내 대답이 아니야. 자네 대답이었지."

그는 약간 짜증이 난 것 같았다. 그는 상대가 빨리 이해하지 못하면 이런 태도를 보였다. 나는 재빨리 설명을 하려 했다.

"그래요, 제가 그렇게 말을 했습니다. 하지만 그게 제가 물리학을 좋아하는 이유가 될 수는 없습니다. 그것이 물리학에만 해당되는 이야기는 아니기 때문이죠."

"그래서?"

"그것은 다른 많은 일에도 적용된다는 겁니다."

"그래서?"

그때 헬렌이 고개를 들이밀었다.

"파인만 교수님, 믈로디노프 박사가 귀찮게 하나요?"

그녀는 고개를 돌려 나를 노려보면서 파인만에게 말을 했다.

"일을 좀 하실 생각이었던 걸로 알고 있는데요."

"괜찮아요, 헬렌. 귀찮게 하지 않았어."

그러더니 나를 보며 말을 이었다.

"하지만 슬슬 그러려고 해."

"그럼 제가 딱 시간에 맞게 온 것 같네요."

헬렌이 말했다.

"자, 믈로디노프 박사님. 박사님이 우편함 앞에서 시간을 끌었으면서도 우편물은 안 가져갔다는 것을 알았지요."

그녀는 우편물을 나에게 내밀었다. 내 책략이란 게 겨우 그 정도였던 것이다.

"딱 1분만 시간을 주세요. 괜찮죠, 헬렌?"

그녀는 코웃음을 쳤으나 파인만이 아무런 소리를 안했기 때문에 그냥 방을 나갔다. 나는 파인만을 바라보았다.

"선생님 말씀을 알 것 같습니다."

"좋아."

"학기가 곧 끝납니다. 그래서… 혹시 여름 전에 다시 뵙지 못할지도 모른다고 생각해서… 미리 고맙다는 말씀을 드리고 싶었습니다… 저한테 가르쳐주신 것들에 대해서요."

"나는 자네한테 가르친 게 없는데."

파인만이 말했다.

"선생님은 저에게 저 자신에 대해 가르쳐주셨습니다."

"그 말은 엉터리야. 내가 자네한테 대체 뭘 가르쳤나?"

"아직 정리중입니다만, 방금처럼 세상을 보는 방법을 가르쳐주신 것 같습니다. 그리고 제가 어디에 어울리는지도요."

"첫째, '방금처럼' 나는 자네한테 그런 걸 가르치지 않았네. 자네가 스스로 배웠지. 나는 자네가 어디에 어울리는지 가르칠 수가 없네. 그건 자네 스스로 발견해야 돼. 둘째, 나는 형편없는 선생이야. 따라서 자네한테 뭘 가르쳐주었을 거라고 생각하지 않네."

"좋습니다. 그럼, 우리가 나누었던 대화에 감사드리고 싶습니다. 선생님이 저한테 뭘 가르쳐주셨건 아니건, 저는 선생님과 이야기를 나누는 것이 즐거웠습니다."

"이보게, 내가 자네한테 뭘 가르쳤다고 그렇게 고집을 부리니,

자네한테 최종 시험을 내야 할 것 같네."

"정말요?"

"문제는 하나일세."

"좋습니다."

"가서 원자의 전자 현미경 사진을 보게, 알았나? 그냥 흘끗 보지 마. 아주 세밀하게 살펴보아야 하네. 그것이 무엇을 의미하는지 생각해 봐."

"알았습니다."

"그리고 이 질문에 대답을 해보게. 그것을 보면 가슴이 뛰나?"

"그것을 보면 제 가슴이 뛰냐고요?"

"예 또는 아니오로 대답하게. 예냐 아니오냐의 문제이니까. 방정식은 허용하지 않네."

"알았습니다. 답을 알려드리겠습니다."

"멍청하게 굴지 말게. 나는 알 필요가 없어. 자네가 알아야지. 이 시험은 스스로 점수를 매기는 걸세. 그리고 중요한 건 답이 아니야. 그것으로 무엇을 하느냐 하는 거지."

우리의 눈이 허공에서 마주쳤다. 내 마음속에서 그의 젊은 시절 얼굴이 스쳐갔다. 『파인만의 물리학 강의』의 표지에서 보았던 사진. 미소를 짓는 힘찬 봉고 드럼 연주자의 사진. 순간 이런 질문이 떠올랐다.

"선생님도 아쉬움이 있나요?"

내가 이렇게 말하자 파인만은 내가 알 바 아니라고 쏘아붙이지 않았다. 그는 잠시 입을 다물고 있었다. 혹시 양자색깔역학과 관련된 좌절감을 털어놓는 게 아닐까. 그러나 순간 그의 눈에 눈물이 고였다.

"물론이지."

그가 말했다.

"내 딸 미셸이 크는 것을 볼 때까지 살 수 없을지도 모른다는 게 아쉽네."

파인만의 길로 가다

내가 파인만에게 했던 질문들 가운데 그 뒤에도 내 머릿속에 언제나 달라붙어 있었던 것은 마지막 질문이었다. 선생님은 한 인간으로서 자신을 어떻게 보십니까? 과학자가 된 것이 선생님 인격에 어떤 영향을 주었습니까?

파인만은 이 질문을 좋아하지 않았다. 너무 심리학적인 질문이었기 때문이다. 하지만 결국 그 답을 주었다. 그가 심리적인 모든 질문에 화를 냈다는 사실을 고려할 때, 나의 질문에 대답을 해준 것은 특별한 선물이라는 생각이 들었다. 내가 물리학자로서 성공을 중요하게 여기는 것을 보면서, 진정으로 중요한 것은 성공이 아님을 알려주려는 의도였을 것이다.

나는 개인적인 수준에서 자기 자신을 이해한다는 것이 무슨 의미인지도 모른다네. 사람들은 이런 말들을 하지. "내가 누구인지 알아내야겠다." 나는 그게 무슨 말인지 모르겠네. 물론 생물학을 공부해서 나 자신에 대해 아주 많은 것을 알게 되었다고 말할 수 있지. 나는 내가 기계적으로 어떻게 움직이는지에 대해서는 많은 말을 할 수 있네. 하지만 그것은 개인적인 수준에서 나 자신을 이해하는 것은 아니야.

나는 스스로 과학자라고 말할 수 있네. 발견을 하면 흥분을 하지. 흥분은 사실 자신이 뭔가를 만들어냈을 때 오는 것이 아니라 늘 그곳에 있던 아름다운 것을 발견했을 때 오는 것이라네. 따라서 과학적인 것은 나의 삶의 모든 부분에 영향을 주네. 사물을 바라보는 태도에도 영향을 주고. 어느 게 먼저고 어느 게 뒤인지는 모르겠네. 나는 통합된 사람이기 때문에, 예를 들어 나의 회의주의 때문에 내가 과학에 관심을 갖는 것인지, 과학 때문에 회의적이 되는 것인지 그런 것은 모르겠네. 그런 것들을 아는 것은 불가능해. 어쨌든 나는 무엇이 사실인지 알고 싶네. 그래서 사물을 들여다보지. 보고 무엇이 어떻게 돌아가는지 발견하려는 거야.

내 이야기 하나 해주지. 내가 열세 살 때 아를린이라는 여자를 만났네. 아를린은 내 첫 여자친구였지. 우리는 오랫동안 어울렸어. 처음에는 진지하지 않았지만, 점차 그렇게 되더군. 우리는 사랑을 했어. 내가 열아홉 살이 되었을 때 약혼을 했지. 그리고 스물여섯에 결혼을 하고 나는 그녀를 깊이 사랑했네. 우리는 함께 성장했지. 나는 나의 관점, 나의 합리성으로 그녀를 변화시켰네. 그녀도 나를 변화시켰지. 그녀는 나를 많이 도와주었네. 사람은 때때로 비합리적이어야 한다고 가르쳐주기도 했지. 멍청해지라는 소리가 아닐세. 단지 생각을 해야 하는 때와 상황이 있고, 그러지 말아야 하는 때와 상황도 있다는 이야기일 뿐이지.

여자들은 나에게 큰 영향을 주었고, 나를 지금의 더 나은 사람으로 만들어놓았어. 여자들은 삶의 감정적인 면을 대표하지. 나는 그것도 매우 중요하다는 것을 알고 있네.

나는 나 자신을 정신 분석할 생각이 없네. 가끔은 자신을 아는 게 좋지만 또 가끔은 좋지 않아. 예컨대 어떤 농담을 듣고 웃다가, 왜 웃는지 가만히 생각해보면 실은 웃기지 않는다는 사실을 깨닫기도 하거든. 웃는 게 멍청한 거지. 그래서 웃음을 멈추네. 따라서 그런 생각은 하지 말아야 해. 내 규칙은 이거야. 불행할 때는 그것에 대해 생각하라. 하지만 행복할 때는 생각하지 마라. 왜 행복을 망치나? 어쩌면 어떤 우스꽝스러운 이유 때문에 행복할지도 몰라. 하지만 그것을 알면 행복을 망칠 뿐이야.

나는 아를린과 함께 있어 행복했네. 우리는 몇 년 동안 아주 행복했지. 그러다 아를린은 결핵으로 죽었네. 나는 결혼할 때 아를린이 결핵에 걸렸다는 사실을 알고 있었다네. 내 친구들은 나더러 결혼하지 말라고 했지. 아를린이 결핵에 걸렸으니까 결혼하지 않아도 된다는 거였네. 하지만 나는 의무감 때문에 결혼을 한 것은 아니야. 아를린을 사랑했기 때문에 결혼했지. 사실 친구들은 내가 결핵에 걸릴 것을 걱정했는데, 나는 걸리지 않았어. 우리는 아주 조심했지. 우리는 병균이 어디에서 오는지 알았기 때문에 그런 쪽에 세심하게 신경을 썼네. 정말 위험하기는 했지만, 어쨌든 나는 병에 걸리지 않았어.

이런 경우 과학은 예컨대 죽음에 대한 나의 태도에 영향을 주지. 나는 아를린이 죽었을 때 화를 내지 않았네. 누구를 향해 화를 내겠나? 신을 믿지 않으니 신에게 화를 낼 수도 없잖은가. 그렇다고 박테리아에게 화를 낼 수도 없는 것 아닌가. 그래서 나는 아무런 원한이 없었고, 복수를 노릴 필요도 없었네. 회한도 없었지. 나로서도 어쩔 수 없는 일이었으니까.

나는 천국이나 지옥에서 맞이하게 될 미래에 대해 걱정하지 않네. 내가 믿는 것은 나의 과학으로부터 온다는 것이 나의 입장인 셈이지. 나는 과학적 발견을 믿네. 따라서 나 자신에 대해 일관된 관점을 가지고 있네. 나는 얼마 전에 병원에서 퇴원했고, 이제 얼마나 더 살지 몰라. 어차피 조만간 우리 모두에게 일어나는 일이야. 모두 죽지. 단지 언제냐가 문제일세. 하지만 아를린하고 있을 때는 한동안 정말 행복했네. 따라서 나는 이미 다 가졌다고 봐. 아를린이 죽은 뒤에는 내 삶이 그렇게 좋지 않다 해도 상관이 없었네. 나는 이미 누릴 것을 다 누렸으니까.

≈

삶에서 중요한 것은 무엇인가? 이것은 우리 모두가 생각하는 문제이지만 그 답은 학교에서 가르쳐주지 않는다. 사실 이것은 언뜻 보기보다 어려운 문제다. 피상적인 답은 받아들일 수 없기 때문이다. 진실을 발견하려면 자기 자신을 알아야 한다. 그러려면 자신에게 정직해야 하고 자신을 존중하고 받아들여야 한다. 당시 나에게는 그런 것들이 너무 힘들었다.

당시 나는 대학을 졸업한 뒤 급하게 학계로 들어갔다. 서둘러 일에서 성과를 거두어, 세상에 내가 살아있었음을, 내가 살아있는 것이 중요한 일이었음을 증명하고 싶었다. 그것이 나의 삶의 외적 초점이었다. 그렇게 사는 것이 머레이 겔만의 길이었다. 성취를 하고, 그것으로 남에게 감명을 주는 것. 중요한 사람이 되는 것. 리더가 되는 것. 그것이 고전적인 길이었으며 전통적인 길이었다. 나에게도 그것이 당연하고 가치 있는 목표인 것처럼 보였다. 나는 두 번 생각하지 않고 그것을 받아들였다. 그러나 나에게 그것은 무지개를 좇는 것과 다름없었다. 문제는, 내 무지개가 아니라 다른 사람들의 무지개를 좇는 것과 다름없었다는 것이다. 나 자신은 그 아름다움을 느끼지도 못하는 무지개였다.

나는 파인만을 통해 다른 가능성을 보았다. 양자원리의 발견으로 물리학자들이 모든 이론을 고쳐 써야 했듯이, 나는 파인만의 예를 보면서 나 자신을 다시 생각하게 되었다. 그는 리더의 위치를 구하지도 않았고 매력적인 통일이론에 끌리지도 않았다. 설사 남들이 이미 아는 것을 다시 발견한다 해도 발견 자체로 만족했다. 다른 사람의 결과물을 자신의 방법으로 다시 도출하는 일을 할 뿐이라 해도 그것으로 만족했다. 자신의 창조성이 아이와 노는 데 있다 해도 그것으로 만족했다. 그것은 자기 만족이었다. 파인만의 초점은 내부에 있었다. 그는 내부에 초점을 맞춤으로써 자유를 얻었다.

파인만에 따르면, 우리의 문화는 그리스 문화다. 논리와 증명, 규칙과 질서의 문화다. 우리 문화에서는 파인만처럼 사는 사람들이 괴짜 취급을 받는다. 파인만은 바빌로니아인이기 때문이다. 파인만에게 물리학과 삶을 다스리는 것은 직관과 영감이었다. 그는 규칙과 관습을 경멸했다. 그는 물리학의 관례적인 방법들을 무시했고, 자신의 방법을 발명했다. 행로를 스스로 합산했고, 파인만 다이어그램을 만들었다. 그는 또 학술적 문화를 무시하고 자기 나름의 문화를 만들어 그리시에서 학생들과 함께 식사를 했고 스트립 클럽에서 물리학을 연구했다. 연구의 목적은 야망보다는 사랑에 있었다. 남들이 그의 행동방식을 인정하지 않는다 해도, 글쎄, 그가 과연 다른 사람들 생각에 신경을 썼을까?

나는 파인만의 길을 택했다. 자신이 하는 일에 열정을 느끼는 행운아는 많지 않다. 대개의 경우 이민자인 나의 아버지처럼 오로지 살아남는 데만 몰두한 나머지 아무런 선택의 여지없이 살아간다. 나는 특히 죽음의 공포를 느낀 뒤부터는 선택을 할 수 있다면 그 선택을 헛되이 쓰고 싶지 않았다. 나는 다른 사람들이 어떻게 생각하느냐에 관계없이 나를 감동시킨 목표를 추구하며 내 인생의 한정된 시간을 살기로 결심했다. 나는 물리학에서, 그리고 삶에서 절대 아름다움을 놓치지 않겠다고 결심했다. 그 아름다움이 나에게 개인적으로 무엇이든.

어느 정도 모험을 해야 한다는 것은 알았다. 이제 '일관된' 하나의 연구의 분야에만 매달리지 않을 생각이었기 때문이다. 심지어 한 가지 직업에만 매달릴 생각도 없었다. 야망 때문에 하는 일이 아니었기 때문에 야망을 가진 내 동료들은 받아들이지 않을 터였다. 내가 원예 교수를 바라보았던 엉뚱한 경멸감이나 빵부스러기 교수가 나를 바라보았던 엉뚱한 경멸감으로 사람들이 나를 볼 수도 있었다. 결국 나는 파인만이 이루었던, 또 나의 어머니가 나에게 바랐던, 그리고 머레이가 자신의 딸 리사에게 바랐던, 관습적인 또는 물질적인 맥락에서의 성공을 거두지 못할 수도 있었다. 그러나 나의 내부로 초점을 맞추는 한, 행복은 나 자신이 통제할 수 있는 일일 터였다.

일단 현실적 가치나 상상의 가치 또는 다른 사람들의 기대라는 짐을 벗어버리고 나자 내가 좋아하는 일이 무엇인지는 금방 알 수 있었다. 나는 끈이론을 버렸다. 마크와 함께 시작했던 양자광학에 좀 더 시간을 할애했다. 결국 파인만이 옳았다는 것이 밝혀졌다. 우리의 이론이 옳았고, 기존의 접근방법에 결함이 있었다. 나는 글쓰기에 대해서도 감추지 않았다. 파인만의 말처럼 아름다움이 무지개의 이론을 탄생시킨 영감이라면, 전자가 파도처럼 움직일 수 있고 빛이 입자처럼 움직일 수 있다면, 내가 물리학의 여러 하위 분야를 오가거나 여러 직업을 오간다는 작은 모순으로 우주가 흔들릴 것 같지는 않았다.

파인만을 제외하면 칼텍의 동료들은 한 사람도 나의 광학작업에 관심을 갖지 않았다. 글쓰기 이야기를 꺼내면 대부분이 눈알을 굴렸다. 오래지 않아 나는 건물 건너편의 다른 연구실로 옮겨달라는 요청을 받았다.

"머레이가 자기 옆방은 자기 사람한테 주고 싶어 해요."

헬렌이 말했다. 이것이 나의 새로운 선택과 관련이 있지 않나 하는 생각도 들기는 했으나 상관없었다. 나는 나의 물리학이나 글쓰기가 나를 어디로 데려갈지 알 수 없었다. 그러나 가는 길의 즐거움은 고대하고 있었다. 취미로 글을 쓰건 아니면 그것으로 먹고 살건, 나는 언젠가 파인만이 감탄할 만한 것을 쓰고 싶었다. 그러다가 이렇게 생각을 고쳐먹었다. 아니지, 언젠가는 나 자신이 감탄할 만한 것을 써야지.

에필로그

나는 칼텍을 떠난 뒤에 파인만을 다시 만나지 못했고 텔레비전에서만 가끔 볼 수 있었다.

1986년 초였다. 파인만은 암과의 오랜 투병 때문에 몸이 많이 약해져 있었다. 그럼에도 우주왕복선 챌린저 호의 폭발을 조사하는 미국대통령위원회에 유일한 과학자로 참여했다. 그는 관료적인 절차에 짜증이 나 전국을 돌아다니며 나름대로의 소규모 조사를 했고 곧 그 참사의 주된 원인을 찾아냈다. 만일 그가 추문을 파헤치지 않았다면 영원히 수수께끼로 남았을지도 모른다. 그것은 우주왕복선의 중요한 개스킷* 가운데 하나인 고무 오링이 저온에서는 탄력을 잃는다는 사실이었다. 1986년 2월 11일 텔레비전으로 중계된 위원회 공개회의에서, 파인만은 오링을 얼음물에 담금으로써, 그것이 수축이 되면 탄력이 사라진다는 것을 보여주었다. 파인만은 지금은 유명해진 이 간단한 시범을 통하여 재난의 책임이 주로 NASA 운영진에 있음을 밝혀냈다. 그들은 우주왕복선 발사 예정일의 아침 기온이 영하 2도로 유난히 추운 날씨였기 때문에(이전의 발사 때 최저 기온은 영상 11도였다) 엔지니어들이 발사 연기를 주장했음에도 그것을 무시했다. 이제 유명인이 된 파인만은 자신이 발견한 것에 대한 보고서를 썼으나 위원회는 NASA가 궁지에 몰릴 것을 염려하여 보고서를 수용하지 않으려 했다. 그러나 파인만은 물러서지 않았으며, 결국 그 보고서는 부록으로 첨부되었다.

파인만은 1986년 10월과 1987년 10월에 수술을 두 번 더 받으며 암과 싸웠다. 4차 수술이었던 1987년 10월의 수술 뒤에 그는 재기하는 데 어려움을 겪었다. 이제 그는 약해졌으며 고통을 겪고 있었다. 종종 우울해 하기도 했지만 그는 여전히 물리학에서 힘을 얻었다. 그는 계속 양자크로모역학(quantum chromodynamics) 강의를 했을 뿐만 아니라 죽기 몇 달 전부터 마침내 끈이론을 배우

*

금속이나 그 밖의 재료가 서로 접촉할 경우, 접촉면에서 가스나 물이 새지 않도록 하기 위하여 끼워 넣는 패킹.

기로 결심했다. 머레이는 매주 한 번씩 사적인 세미나를 통해 그에게 끈이론을 가르쳤다.

1988년 2월 3일 수요일, 파인만은 로스앤젤레스의 UCLA 메디컬 센터에 입원했다. 그때까지도 자신의 병이 얼마나 심각한지 모르고 있었지만 곧 알게 되었다. 그에게는 신장이 하나밖에 남아 있지 않았는데, 그것마저 말을 듣지 않고 있었다. 의사들은 지속적인 투석을 권했지만, 삶의 질적인 면에서는 별로 만족스럽지 않은 방법이었다. 그가 따르고 싶은 길이 아니었던 것이다. 파인만은 그 방법을 거부했다. 그는 통증을 치료할 모르핀과 산소는 받아들였고 그 결과에 대비했다. 그는 그것을 그의 마지막 발견으로 본다고 말했다. 죽는 것이 어떠한 것인지. 그는 한 친구에게 일곱 살 때 언젠가는 죽게 된다는 것을 깨달았으니, 이제 와서 그것에 대해 불평을 늘어놓을 이유를 모르겠다고 말했다. 그 경험이 재미있을 거라고 말했다.

그에게서 생명이 차츰 빠져나가기 시작했다. 처음에는 말을 할 수 없었고 이어 움직일 수가 없었다. 마지막으로 숨을 쉴 수가 없었을 때 그는 최후의 발견을 했다. 1988년 2월 15일, 그의 70번째 생일을 몇 달 앞둔 날의 일이었다. 그는 암에 걸리고도 10년을 더 살았다. 오래 전에 그가 보았던 확률보다 훨씬 더 오래 산 것이다. 그리고 자신의 가장 큰 아쉬움을 떨쳐버릴 정도로 오래 버텼다. 어린 딸 미셸이 어른이 된 것을 보았던 것이다.

파인만이 죽고 나서 6주 뒤, 칼텍에서 추모 예배가 열렸다. 그의 인생을 기념하는 기쁜 자리였다. 여러 사람의 연사들이 무대에 올라 회고를 했다. 머레이의 이름도 프로그램에 있었으나 그는 나타나지 않았다.

그에게는 그럴 만한 변명거리가 있었다. 머레이가 예배에 참석하려고 준비를 하는데, 방탄조끼를 입고 공격용 소총을 든 연방요원들이 그의 집을 급습했다. 그가 고대 문화와 그 유물에 관심을 가지면서 미국으로 밀반입된 유물을 몇 점 산 것이 밝혀졌다. 머레이는 유물 몇 점을 빼앗겼고, 미국 세관요원들에게 협력하였으며, 결국 페루로 날아가 모범을 보인 상을 받았다.

머레이는 마침내 「피직스 투데이」의 파인만 추모 특집에서 파인만에게 공개적으로 조의를 표할 기회를 얻었다. 그는 조사를 통해 파인만의 개인적 스타일에 대한 '뒤섞인 리뷰'라고 할 만한 글을 썼다. 물리학계에서는 그 글을 보고 눈썹을 약간 치켜올렸다.

"나는 리처드의 스타일 가운데 그의 글에 거만한 점이 없다는 점이 늘 마음에 들었다. 나는 이론물리학자들이 내용은 시원치 않으면서도 그것을 멋진 수학적 언어로 치장을 하거나 허세에 가득 찬 틀들을 만들어내는 것이 지겨웠다. 그러나 리처드의 아이디어는 강력하고, 창의적이고, 독창적인 경우가 많았을 뿐만 아니라 신선하게 느껴지는 솔직한 방식으로 제시되었다. 그러나 리처드의 스타일 가운데 잘 알려진 다른 측면에는 큰 감명을 받지 못했다. 그는 신화의 구름으로 자신을 둘러쌌다. 그는 자신에 대한 일화들을 만들어내는 데 많은 시간과 에너지를 소비했다….
물론 일화들 가운데 많은 부분은 리처드 자신이 한 이야기에서 생겨난 것이며, 그 이야기에서 그는 일반적으로 영웅이 되므로 다른 사람들보다 똑똑하게 비칠 수밖에 없다. 솔직히 세월이 흐르면서 나는 그가 넘어서고 싶어 하는 경쟁자라는 느낌 때문에 불편해지게 되었다. 그와 함께 일하는 것도 편치가 않았다. 그가 '우리'보다는 '너'와 '나'라는 맥락에서 생각을 하는 것 같았기 때문이다. 아마 그로서는 자신의 아이디어를 그저 돋보이게 해주는 존재가 아닌 사람과 협력하는 것에 익숙해지기가 어려웠을 것이다…."

머레이와 파인만은 물론 경쟁관계였다. 그래도 나는 머레이가 그렇게 가혹하게 나온 것에 놀랐다. 역시 머레이답다고 해야 할까. 여전히 경쟁적이고, 여전히 괴로워하고 있었다. 그러나 나는 머레이가 그렇게 부정적인 이야기를 한 진짜 이유는, 아마 단순히 조사를 쓴 날 그가 공교롭게도 기분이 나빴기 때문일 것이라고 생각하는 쪽이다. 어느 쪽이든 나는 파인만이 불쾌해 하지 않았을 것이라고 생각한다. 그는 늘 속을 털어놓는 것을 존중했다. 공교롭게도 머레이는 그 비판적인 글을 쓸 무렵, 행로 또는 역사와 관련하여 양자이론을 정식화하는 파인만의 초기 작업에 기초하여 새로운 이정표를 세울 만한 연구를 하고 있었다. 그 작업을 끝낸 직후 머레이는 칼텍을 떠났다. 그는 현재 뉴멕시코의 샌타 페이에서 살고 있다.

머레이가 칼텍을 떠날 무렵 존 슈워츠에게는 이제 후견인이 필요하지 않았다. 1984년 슈워츠와 마이클 그린이 역사적인 돌파구를 열었기 때문이다. 그들은 그 문제를 5년간 물고 늘어진 끝에 그들이 찾던 수학적 기적을 발견했으며, 끈이론의 마지막 주요한 모순을 해소했다. 그렇다고 그 이론이 더 풀기 쉬워지는 것은 아니었지만, 이를 통해 많은 주도적인 물리학자들, 특히 에드워드 위튼이 이 이론에는 기적적인 속성들이 너무 많아 도저히 무시할 수 없다고 믿게 되었다. 홈즈, 아니 록퍼드라면 이렇게 말했을 것이다. 우연의 일치라고? 아닌 것 같은데. 몇 달이 안 되어 물리학계의 웃음거리였던 끈이론은 물리학계에서 가장 인기 있는 이론이 되었다.

이후 2년 동안 수백 명의 입자이론가들이 이 흐름에 가담해 1천 편이 넘는 연구논문이 쏟아졌다. 오늘날 끈이론 연구는 소립자 이론을 지배하고 있다. 과거에는 끈이론을 연구하는 사람을 찾아보기가 힘들었던 반면, 오늘날에는 그것을 연구하지 않는 입자이론가를 찾아보기가 힘들다. 1984년 말, 머레이는 마침내 슈워츠에게 '진짜 일자리'를 얻어줄 수 있었다. 슈워츠가 칼텍의 교수가 된 것이다. 그럼에도 여전히 쉽지 않았다. 한 행정가는 이렇게 말했다고 한다.

"우리는 이 사람이 슬라이스 빵을 발명했는지 안했는지 모른다. 그러나 발명했다 해도, 사람들은 그가 칼텍에서 그것을 발명했다고 이미 말하고 있다. 따라서 우리는 그를 여기에 둘 필요가 없다."

1987년 슈워츠는 권위 있는 맥아더 펠로십을 받았으며, 1997년에는 국립과학아카데미에 들어갔다. 2001년에는'수리물리학 분야에 귀중한 공헌'을 한 공로로 미국 물리학회와 미국 물리학 연구소로부터 2002년 대니 하이네만 상을 받았다. 이런 영광에도 불구하고, 끈이론은 입증된 이론은커녕 잘 이해되고 있는 이론도 아니며, 여전히 연구 과정에 있는 작업이라고 할 수 있다. 슈워츠는 자신의 작업이 전혀 받아들여지지 않던 시절에도 아무런 아쉬움이 없었다고 말한다. 그는 또 그것이 옳다는 것을 의심해 본 적이 없다고 말한다. 현재 슈워츠는 파인만이 쓰던 연구실을 쓰고 있으며, 여전히 끈이론을 연구한다. 그가 헬렌의 도움 없이 잘해나가는지 어쩐지는 잘 모르겠다. 헬렌은 70세가 훨씬 넘었으며, 얼마 전에 과 비서직에서 물러났다.

파인만은 끈이론의 옹호자가 아니었지만 슈워츠를 존중했다. 왜 안 그랬겠는가? 군중을 따라가지 않는 사람이 있었다면 그가 바로 존 슈워츠였다. 나는 사람들의 아이디어가 쉽게 기각되었다는 이야기를 들을 때마다 또는 어떤 사람이 세운 인생의 목표가 성취 불가능하다고 비판을 받았다는 이야기를 들을 때마다 늘 존 슈워츠를 생각하고 파인만을 생각한다. 그가 나에게 가르쳐준 것이 하나 있다면, 무엇이 되었건 우리가 노력하는 것에 진심으로 헌신하는 것의 중요성이기 때문이다.

1년 전쯤 나는 도시에서 멀리 떨어진 창고에 보관해두었던 곰팡내 나는 상자들을 살펴보고 있었다. 수십 년 된 대학시절 교과서들을 보관해둔 상자 한곳에서 낡은 싸구려 카세트 테이프들을 발견했다. 그리고 그 테이프들이 이 책에 옮겨 적은 글들의 기초가 되었다. 나는 우리의 대화를 녹음할 때 책을 쓰고 싶은 마음이 있는지도 몰랐고, 그럴 능력이 있는지도 몰랐다. 그러나 파인만에 대한 글을 쓰고 싶은 마음은 분명했다. 파인만을 알았던 사람들 가운데 글쓰기를 좋아하는 사람이라면 누구나 그런 생각을 해보았을 것이다. 그러나 나는 그에 대한 글을 쓰지 않았다. 그 테이프들은 상자 안에서 약 20년 동안 잠을 자고 있었다. 아마 당시에는 마음속에 어떤 목적이 없었기 때문일 것이다.

오랜 세월이 지난 뒤에 그 테이프들을 듣다 보니 파인만이 그리워졌다. 말기 암조차도 억누를 수 없는 정신을 가졌던 퉁명스럽고 친절하지 않은 사람. 더불어 과거의 나도 그리웠다. 창창한 세월을 앞두고 있던 순진하고 열렬한 학생. 순간 이 책의 목적이 분명해졌다. 오래 전 이스라엘의 키부츠에서 읽었던 『파인만의 물리학 강의』의 에필로그에서 그는 자신의 목표를 밝혔다.

"나는 독자들에게 무엇보다도 놀라운 세계와 물리학자들이 그

세계를 보는 방법을 맛보게 해주고 싶었다."

그의 말은 매우 겸손한 것이었다. 그가 그 책에서 제시한 세계관은 일반 물리학자들이 세상을 보는 방법이 아니었기 때문이다. 그것은 그 자신의 독특한 방식이었다. 나는 이 책을 쓰면서 그의 목표를 더 전진시키고 싶었다. 리처드 파인만은 언제나 세상에 주어진 것을 최대한 활용하는 방법, 신이 혹은 유전자가 그에게 준 재능을 최대한 활용하는 방법을 알았기 때문이다. 그것이 우리가 삶에서 바랄 수 있는 전부이다. 그가 세상을 뜬 후 긴 세월을 겪어오면서 나는 그것이 귀중한 교훈임을 알게 되었다.

옮기고 나서 —

한 천재물리학자에 대한 초상화

『파인만에게 길을 묻다』는 과학에 대한 책이기도 하고 성장에 대한 책이기도 하지만, 무엇보다도 스승에 대한 책이다. 이 스승은 20세기의 유명한 과학자이자 개인적으로는 깐깐하고 괴팍하기로 소문난 리처드 파인만이다. 그럼 글을 쓴 사람은 파인만이 총애하던 애제자였을까? 전혀 그렇지 않다. 그렇지 않다 해도 큰 문제는 아닌 것이 글쓴이의 말에 따르면 파인만에게는 애제자라는 개념이 아예 없었을 것 같기 때문이다. 심지어 자신이 지도했던 물리학자들에게조차 편지를 보내, 나한테 추천서 같은 것을 써달라고 할 생각은 아예 하지도 말라고 했다니까.

파인만은 스승이니 제자니 하는 문제에 대해서는 아무 생각 없이, 그저 자신의 삶이 얼마 남지 않았음을 의식하고 끝까지 열심히 살고 있었을 뿐이다. 기분이 내키면 글쓴이의 이야기를 들어주기도 했지만, 그것도 주로 글쓴이가 들어줄 만한 이야기를 할 때로 한정되어 있었다. 물론 글쓴이에게는 그 순간순간이 보배처럼 느껴져 오랫동안 긴밀한 관계를 유지한 것으로 느껴졌을 수도 있지만. 이 점이 재미있는데, 사실 스승과 제자의 관계는 꼭 서로의 합의가 요한 것이 아니다. 어떤 사람을 보고 그를 스승으로 삼겠다고 마음먹으면, 그 사람의 의사와 관계없이 제자가 될 수도 있는 것이다. 그래서 사숙(私淑)이라는 말도 생겨난 것 아닐까. 이렇게 만들기 쉬운데 또 그렇게 흔치는 않은 것이 스승인 것 같다. 보통 사표(師表)가 많지 않아서 그렇다고들 하지만, 스승을 모시고자 하는 간절한 마음, 배우고자 하는 간절한 마음이 부족하기 때문일지도 모른다.

스승을 그리워하는 젊은 사람들에게 이 책을 한번 읽어볼 것을 권하고 싶다. 그러나 옮긴이의 목에 힘준 듯한 이야기 때문에 오해를 하지는 말기 바란다. 이 책을 펼치면 먼저 현대 물리학의 첨단에 서 있는 칼텍의 물리학과 풍경이 눈에 들어올 것이기 때문이다. 글쓴이는 익살스러운 붓질로 이 풍경화를 그려가면서, 그것을 배경으로 파인만이라는 한 물리학자의 초상화를 완성해나간다. 가만 보면 그 상은 엄청난 압박감 속에서 고민하던 한 젊은 물리학도의 얼굴을 그린 것 같기도 하다.

이 책을 처음 번역한 뒤로 10여 년이 흘렀다. 그간 사표라고 부를 수 있는 스승이 많이 늘었을까? 적어도 옮긴이 세대가 사표라 부를 수 있을 만한 분들 가운데는 여럿이 세상을 떠났다. 물론 꼭 세상에 계셔야만 스승은 아니지만, 그래도 아쉬움이 적을 수 없다. 옮긴이보다 젊은 세대 사람들의 경우에는 어떤 아쉬운 이별이 있었을지 또 어떤 기쁜 발견이 있었을지 잘 모르겠으나, 적어도 좋은 부모의 전형적인 모습이 변했듯이 좋은 스승의 전형적인 모습도 변해가고 있는 것만큼은 분명한 듯하다. 그런 점에서 파인만은 오히려 지금의 세대에게 더 어울리는 스승 – 스승이라는 말도 좀 어색하지만 – 일지도 모른다. 여러모로 괴로움이 많은 젊은 세대에게 파인만이 기쁜 발견이 되기를 기대한다.

정영목

파인만에게 길을 묻다

1판 1쇄 인쇄 2017년 2월 24일
1판 1쇄 발행 2017년 3월 3일

지은이 레너드 믈로디노프
옮긴이 정영목

발행인 김기중
주간 신선영
편집 박이랑, 강정민
마케팅 정혜영
펴낸곳 도서출판 더숲
주소 서울시 마포구 양화로 16길 18 3층 301호 (04039)
전화 02-3141-8301~2
팩스 02-3141-8303
이메일 theforestbook@naver.com
페이스북 페이지 : @theforestbook, **블로그** : blog.naver.com/thesouppub
출판신고 2009년 3월 30일 제2009-000062호

ISBN 979-11-86900-23-9 (03420)